《全株玉米青贮制作与质量评价》

编委会

主　任：石有龙

副主任：罗　健　黄庆生　刘长春　杨军香

委　员：孟庆翔　曹志军　杨红建　钟　瑾　张养东

主　编：孟庆翔　杨军香

副主编：曹志军　杨红建　钟　瑾　张养东　陈绍江

编　者：孟庆翔　杨军香　曹志军　杨红建　钟　瑾
张养东　陈绍江　陈　明　吴　浩　陆　健
田雨佳　张振威　王芳芳　赵圣国　张　鹭
黄萌萌

前言

玉米既是重要的粮食作物，也是支撑我国畜牧业发展的饲料作物和食品工业的原料，是集粮食、经济作物和饲草料于一体的重要作物。随着我国规模化和标准化畜牧业的发展，饲料短缺问题日趋突出，这就要求玉米在饲用功能上有进一步的提高。我国玉米70%以上用作饲料原料，其中，玉米青贮是将果穗和茎叶等通过青贮加工方式调制成可供牛羊等采食的饲料，是反刍动物的主要粗饲料之一。青贮玉米饲料生产周期短、种植密度大、生物学产量高，正在逐渐成为玉米种植业的一个主导方向。青贮玉米营养物质丰富，可利用能量相当于普通籽实玉米的50%～60%，而其产量却相当于普通玉米的4~5倍，具有更高经济效益。

发展青贮玉米产业，是推进农业结构调整、加快发展草牧业、促进粮经饲三元种植结构协调发展的重要举措，是落实粮改饲战略、构建种养循环、产加一体、粮饲兼顾、农牧结合的新型农业生产结构的具体体现。

为了进一步推广青贮玉米饲料标准化制作和质量评价技术，全国畜牧总站组织有关专家编写了《全株玉米青贮制作与质量评价》一书。该书涵盖了全株玉米青贮制作和质量评价的各项技术，先进实用，可操作性强，适合于畜牧技术人员、畜牧场（小区、大户）和基层生产管理人员在生产实践中参考。

编者

2016年1月

目录

第一章 概 述

全株玉米青贮饲料是将蜡熟期带穗的整株玉米切碎后，在密闭无氧环境下，通过微生物厌氧发酵和化学作用，制成的一种适口性好、消化率高、营养丰富的饲料。它是保证常年均衡供应反刍动物饲料的有效措施。全株玉米青贮不仅能够很好的保持饲料原料的青绿多汁特性，而且具有特殊的酸香气味，质地柔软，营养价值高。

第一节 青贮饲料发展简史

青贮饲料是将新鲜的青绿饲料经过适当的加工处理后，在厌氧条件下经过微生物发酵作用而调制保存的多汁饲料，整个发酵过程称为青贮（*ensilage*）。常见的青贮方式有窖式青贮、塔式青贮和地面青贮等。用窖式容器储藏牧草或粮食的方法已经有几个世纪的历史。青贮窖一词最早来源于希腊语 *siros*，意思是指用于贮藏玉米的地窖或者凹洞。青贮饲料在世界各地有着悠久发展历史。据考证，青贮饲料起源于古埃及文化鼎盛时期，后传到地中海沿岸（图 1-1-1）。约 2 000 年前日耳曼人在田地里储藏青绿饲料，并用厩肥覆盖；在意大利，将枯萎的牧草青贮至少有 700 年的历史；瑞典及苏联波罗的海沿岸一些地区，自 18 世纪开始就使用青贮牧草；德国北部 19 世纪也有将甜菜根和甜菜叶混合青贮的记载。

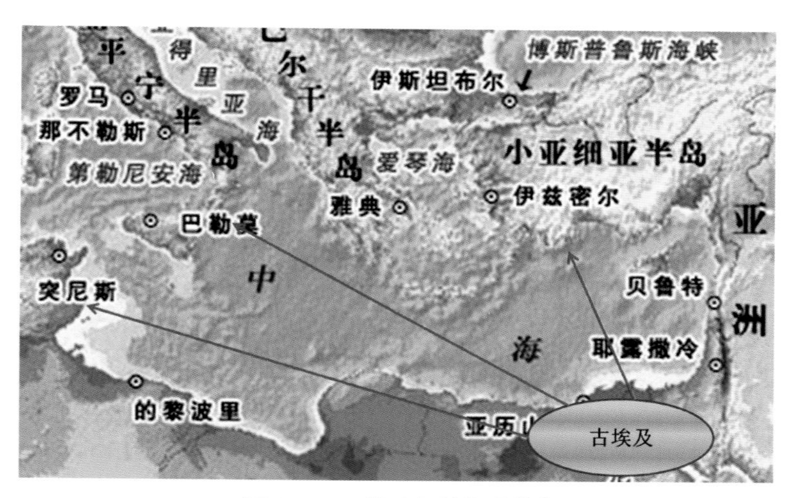

图 1-1-1 青贮饲料发展简史

据史料记载，我国远在南北朝时期（距今约 1500 年）就具有很完备的粗饲料的调制和贮存技术。早在 600 多年前的元代《王祯农书》和清代《豳风广义》中记载着有关苜蓿和马齿苋等青饲料发酵方法，其实就是青贮原理的应用（图 1-1-2）。我国最早关于青贮饲料的试验研究报道是 1944 年发表在《西北农林》的“玉米窖贮藏青贮料调制试验”。1943 年西北农学院首次进行全株玉米窖藏青贮研究，并向陕西及其他省区推广。此后，在 20 世纪 50 年代初期，我国开展了大量的关于青贮饲料的研究和推广工作。

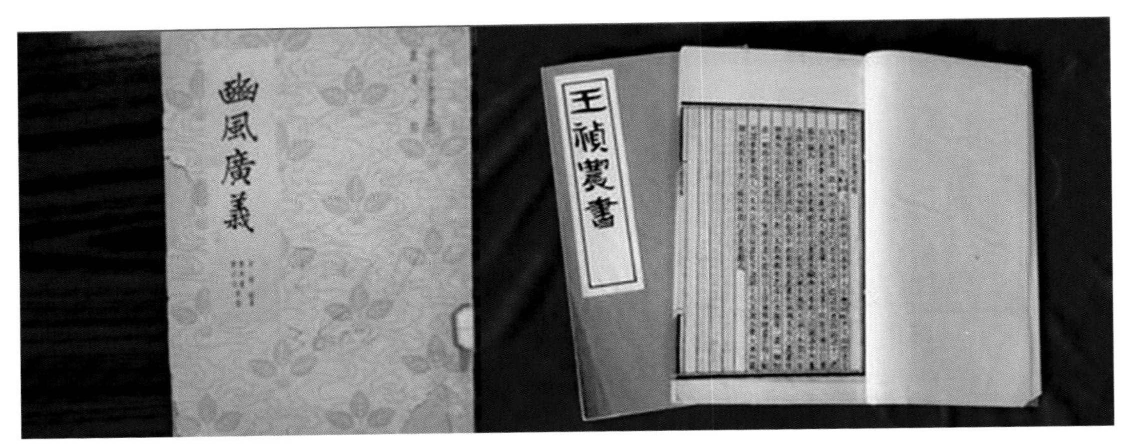

图 1-1-2　《豳风广义》和《王祯农书》

我国玉米青贮的制作与应用推广工作主要开始于新中国成立以后，一些大型牛场和种畜场广泛采用青贮饲料饲喂奶牛、役牛和羊。在广大农村主要推广收获玉米籽实后的秸秆进行青贮，在解决牲畜饲草不足和改善冬春饲养条件方面，曾经发挥了重要作用。改革开放后，随着粮食生产形势的根本好转，玉米青贮逐渐在玉米产区扩大种植，面积达到 300 万公顷左右。主要的优势区位于黑龙江、内蒙古自治区（以下简称内蒙古）、河北、宁夏回族自治区（以下简称宁夏）、山西、北京、天津等地。其中，在内蒙古、黑龙江等部分地区，由于积温不能满足玉米籽粒发育要求，以无穗或者弱穗全株青贮为主。吉林省玉米青贮推广工作始于 20 世纪 50 年代初期。一些国营种畜场，从国外引进一些种马、种牛、种羊，按照饲料配方，玉米青贮是不可缺少的重要饲料，从而曾大面积种植。农民种植青贮玉米，主要是在 1990 年以后，随着粮食丰收和畜禽饲养水平提高，一些牛、羊饲养专业户开始种植青贮玉米。目前青贮玉米播种面积已接近 50 万公顷，且仍在不断增加。

青贮过程使用添加剂工作始于 20 世纪 60 年代，至今世界上有 65% 的青贮饲料使用添加剂。早在 1930 年，芬兰化学家 A. L. Virtantn 教授开始尝试把硫酸和盐酸作为青贮饲料添加剂。现在无机酸作为饲料添加剂已不多见，但有机酸仍在广泛使用，如甲酸、乙酸在青贮料中添加 3%，可以提高青贮发酵乳酸的含量，减少丁酸产生，提高消化率，使家畜食欲增加。这类添加剂在英国、法国、日本等国家都在推广使用。虽然甲酸、乙酸应用较多，效果也比较好，但其使用仍有争议。苏联学者研究认为，甲酸、乙酸、甲醛等只能使青贮发酵的氨态氮、pH 值稍有降低，而没有其他有利的作用。在我国，比较普遍采用的青贮添加剂是非蛋白氮（尿素等）和微生物类，前者使用的不利方面是成本高，饲喂不当容易造成氨中毒，而且同农业争化肥，而后者存在添加效果不稳定、对动物产生的直接效果不明显等问题。

第二节 青贮饲料特点

全株玉米青贮饲料的发酵主要依靠乳酸菌作用，迅速将原料中的可溶性碳水化合物转化为有机酸（主要是乳酸），使青贮饲料 pH 值迅速下降，抑制其他好氧微生物对青贮玉米营养成分的降解作用，从而使饲料营养成分得以保存（图 1-2-1）。全株玉米青贮饲料的特点分述如下。

（一）营养物质损失少

按照常规全株玉米青贮饲料的加工调制方法调制，如果物料的干物质含量和淀粉含量均在 30% 以上，其发酵后的营养物质损失量不会超过 8%。经过发酵的全株玉米青贮饲料中还会含有微生物发酵产生的生物活性物质，从而增加饲料的附加值。

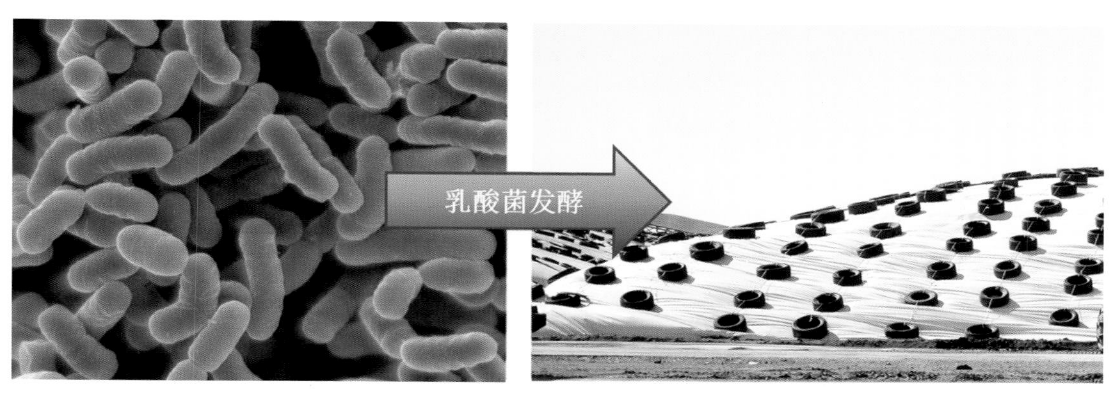

图 1-2-1 乳酸菌厌氧发酵可以防止营养流失

全株玉米青贮的营养物质含量丰富，以鲜样计，每千克含粗蛋白质 20g，粗脂肪 8g，粗纤维 59g，无氮浸出物 141g，粗灰分 15g。更为可贵的是，全株玉米青贮中维生素和微量元素含量较高。与其他青贮饲料原料相比，全株玉米植株生长速度快，茎叶茂盛，生物产量高，一般生物产量不低于 60t/hm^2，即 4t/ 亩，干物质含量 200g/kg 以上。

（二）青贮保存时间长

一旦全株玉米青贮完成青贮发酵过程，保持良好的厌氧环境（密封严密、不开封、不透气），全株玉米青贮饲料就可以长期保存，时间可以达到数年或数十年（图 1-2-2）。通过青贮方式制作全株玉米青贮饲料，可解决冬春季节反刍动物饲草料缺乏的问

图 1-2-2 青贮饲料可以延长饲料保存期

图 1-2-3　全株玉米青贮饲料营养丰富

题。如果全株玉米青贮饲料的管理恰当，可保持其饲料的水分、维生素、颜色青绿和营养丰富等优点，可以保证一年四季为反刍动物供给优质的粗饲料。

（三）营养丰富采食量

经过青贮发酵过程，全株玉米青贮饲料营养丰富，特别是能量、蛋白质和维生素含量丰富，而且质地柔软，具有特殊的酸香味，可增进动物的食欲和采食量，是反刍动物的良好粗饲料来源（图 1-2-3）。

（四）作物病虫害减少

很多危害玉米的虫害和病害的虫卵或病原菌多寄生在秸秆上越冬，而把这些植株切碎制作成全株玉米青贮，通过青贮过程中的厌氧发酵酸度提高，可以将这些幼虫或虫卵以及病源微生物杀死。同时一些杂草种子经过青贮调制后也会失去发芽能力，因此青贮调制还有一定除杂草的作用（图 1-2-4）。

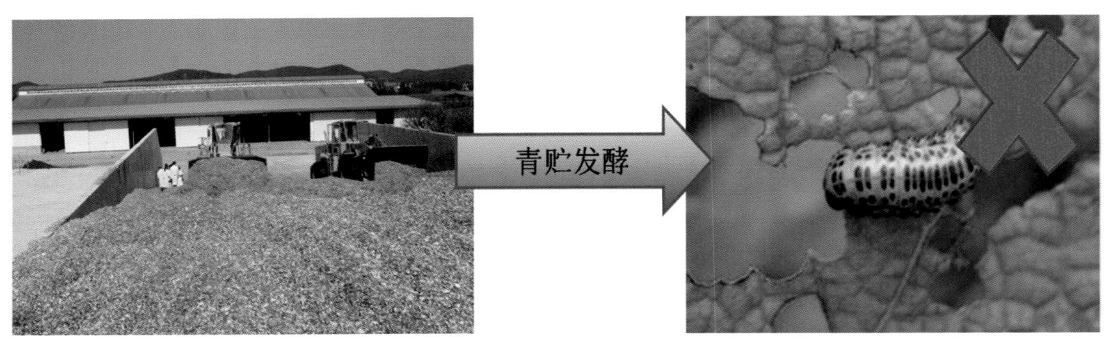

图 1-2-4　全株玉米青贮可以减少作物病虫害

（五）秸秆焚烧逐渐减少

全株玉米青贮方式是将玉米整个植株进行收割后青贮，将占玉米籽粒 1.2~1.5 倍的秸秆制成反刍动物可以利用的饲料，既减少了秸秆焚烧带来的环境污染问题，有利于生态环境保护，又解决了反刍动物饲料供应问题，可谓一举两得（图 1-2-5）。

图 1-2-5 全株玉米青贮可以减少环境污染

第三节 存在问题及发展趋势

发达国家的玉米青贮技术已经达到成熟阶段，从种植到收获利用都有一套完整的配套体系，而我国在全株玉米青贮的研究与生产应用方面，还有很多尚待完善的地方。随着我国牛羊等反刍动物养殖业的快速发展和畜牧业规模化养殖方式的转变，全株玉米青贮在促进反刍动物养殖业的发展方面，将发挥越来越重要的作用。

一、存在问题

我国全株玉米青贮从种植到制作和利用的全过程，尚处于初级阶段，与发达国家相比，还有很多亟待解决的问题。

（一）青贮专用玉米品种过少

由于受传统粮食观念和饲养方式等因素的影响，我国长期以来一直以籽实高产作为品种选育推广的主要目标。20 世纪 80 年代之前，我国还没有专门化的青贮玉米品种。20 世纪 60 年代我国开始了饲料玉米的育种研究工作，直到 1985 年才通过审定第一个青贮玉米专用品种“京多 1 号”。21 世纪以来，虽然我国青贮玉米生产和加工利用产业发展较快，但是与玉米主产区条件相适应的青贮玉米专用品种还不多。

（二）栽培种植技术缺乏

普遍的观念认为，只有玉米种子播量大才能保证高产，而实际上由于种植密度大，导致幼苗之间对营养、水分需求的竞争而不能满足生长需要，因而直接影响植株的高度和粗壮度，实际上植株的产量不但没有上升反而下降。再者，由于近几年家畜饲养数量的减少，造成做底肥的家畜粪便施量不足，再加上田间管理跟不上，丛生的杂草与青贮玉米竞争水肥等问题，也成为导致玉米低产的一个重要原因。

（三）青贮制作方式陈旧

在一些养牛户中多数是青贮壕、青贮窖等，虽然能达到不透气的要求，但是由于多数都不是砖和水泥的结构，在青贮过程中，靠近窖壁处青贮料质量较差，或由于透水造成青贮全部腐烂，发出难闻的臭味。这样的青贮不但感官品质差，营养成分损失也很多，有毒有害物质反而增加，家畜不愿采食，青贮利用率显著降低。

（四）青贮收贮设备价格高

自走式青贮收获机虽然生产率高，但售价高，农民难以承受。另外，自走式收获机一年只能作业 1~2 个月，最多 3 个月，大部分时间闲置，其功能不能充分利用。牵引或侧悬式青贮收获机售价虽然比自走式的低，但与当前农民收入水平相比还偏高。另外这些机型要求配套的拖拉机功率大，一般需要 40~60 千瓦或更大。而当前农户这种功率的轮式拖拉机，大多是 10~20 千瓦小四轮拖拉机，无法满足青贮机的配套要求。此外还存在农户青贮玉米种植地块小且分散，影响机具生产率的发挥，以及技术培训跟不上，影响新机具的使用等问题。

（五）青贮技术水平滞后

我国是农业大国，与欧美发达国家相比，我国畜牧业发展相对落后，尤其青贮专用玉米技术水平研究整体滞后。青贮专用玉米品种少，种植规模小，收贮运设备以及相应的配套技术还很缺乏，青贮品质控制、饲喂和评价方法不完善，青贮玉米标准还难以满足生产的需要等，我们尚有很长的发展道路要走。

二、发展趋势

（一）青贮玉米品种专门化

优良青贮玉米品种，必须兼顾产量与营养成分两个方面，最理想的品种必须具有“生物产量高、采食量高、消化率高、营养物质含量高，以及保绿性强、抗性强”的“四高二强”特点。在育种技术路线与育种方法上，要充分利用各种资源，通过常规育种与先进实验室分析技术相结合的方式，选育出适合各个地区生长的专门化青贮玉米品种。

（二）青贮收贮过程专业化

针对我国青贮收贮机械技术基础差、生产效率低、机械成本高、配套动力不足等一些问题，要通过政府主导、企业投资，科研院所与企业紧密合作，开发出拥有自主知识产权，适合中国国情的青贮玉米收贮机械产品。另外，要加强青贮收获机关键零部件基础性技术研究工作，主要包括切割喂入装置、切碎动定刀等，使得全株青贮玉米收贮过程向规模化、快速化方向发展。

（三）配套饲喂技术科学化

由于青贮玉米具有营养价值高、非结构性碳水化合物含量高、木质素含量低、单位面积产量高等优点，青贮玉米将成为我国最重要的栽培饲草之一，并得到大面积的推广。如何充分利用这些青贮饲料，我国应该制定一套科学化的饲喂技术，以防止在饲喂过程中出现二次发酵、霉变以及动物厌食和酸中毒等问题。

（四）青贮制作技术普及化

我国畜牧业发展要借鉴发达国家的成功经验，大力发展牛、羊等反刍动物生产，走“节粮型”畜牧业发展道路。目前，我国每年需种植 166.7 万公顷的青贮玉米才能满足草食家畜的需要。预计今后十年内，我国每年对青贮玉米的需求将达到 400 万公顷。随着我国经济的快速发展，人民收入和生活水平日益提高。为满足人们对高营养、高品质、多样化的需求，养殖业将实现规模化、现代化的生产模式，所有这些都需要将青贮制作技术普及到千家万户。

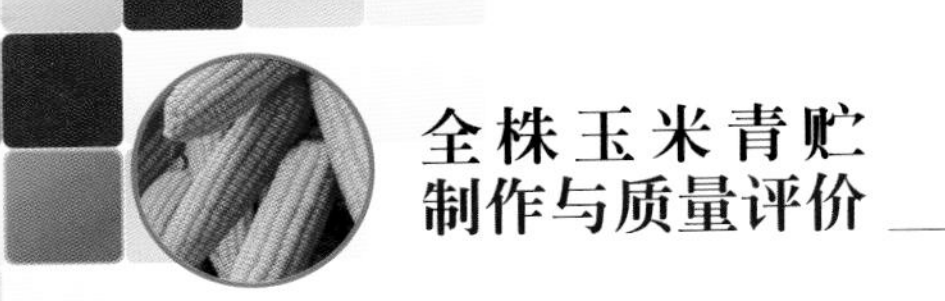

第二章　青贮玉米品种

青贮玉米，又称饲料玉米，它不指具体的玉米品种，而是指基于玉米用途分类的概念。青贮玉米是指将新鲜的包含全部可用茎叶的整株玉米（一般还包含完整果穗）存放到青贮容器中，经发酵工艺制成青贮饲料的一类玉米的总称。

青贮玉米品种是指可作为青贮玉米制作的玉米品种。可分为 3 种类型，即青贮专用型玉米、粮饲兼用型玉米和粮饲通用型玉米。青贮专用型玉米品种是指只适合制作青贮的玉米品种，在乳熟期至蜡熟期内收获包括果穗在内的整株玉米；粮饲兼用型玉米品种是指在成熟期先收获玉米籽粒用作粮食或配合饲料，然后再收获青绿的茎叶制作青贮饲料的一类玉米品种；粮饲通用型玉米品种是指既可作为普通玉米品种种植，即在成熟期收获籽粒用作粮食或配合饲料，又可作为青贮玉米品种种植，在乳熟期至蜡熟期内收获包括果穗在内的整株玉米作青饲料或青贮饲料的一类玉米品种。

选用青贮玉米品种首要考虑的因素是获得更高的饲料生物产量。虽然可以把普通玉米提前收割用于制作玉米青贮饲料，但其生物产量往往较低。一般在中等地力条件下，专用青贮玉米品种生物产量亩（1 亩 ≈ 667m^2。全书同）产可达 4.5~6.3t，而普通籽粒型玉米品种的生物产量只有 2.5~3.5t。一般种植 2~3 亩地青贮玉米即可满足一头高产奶牛全年青粗饲料的供应需要。

青贮玉米品种与普通玉米品种的主要区别是：

株型不同：青贮玉米品种植株高大，一般在 2.5~3.5m，最高可达 4m，以生产鲜秸秆为主，而普通玉米则以生产玉米籽粒为主。

收获期不同：青贮玉米的最佳收获期为籽粒的乳熟末期至蜡熟前期，乳线达到籽粒的 1/2 至 3/4（或 1/2 乳期至 1/4 乳期）时期，此时生物产量最大，营养价值也最高；而普通玉米必须在完熟期以后，乳线完全消失、黑层出现后收获。

用途不同：青贮玉米主要用于饲料，普通玉米除用于饲料外，还是重要的粮食和工业原料。玉米青贮营养丰富、气味芳香、消化率较高，鲜样中含粗蛋白质可达 3% 以上，同时还含有丰富的糖类、维生素和矿物质等。用玉米青贮料饲喂奶牛，每头奶牛一年可多产鲜奶 500kg，而且还可节省约 1/5 的精饲料。

本章介绍的各类青贮玉米品种都是近年来在全国各地广泛栽培，性能表现良好的玉米品种。生产上选用玉米品种时，应认真考虑品种审定公告所规定的适宜区域。在选择跨区品种前，必须做好引种试验，不可盲目引入不合适的品种种植，以免造成不必要的经济损失。

第一节　青贮专用型玉米

青贮专用型玉米品种，是指只适合用于制作青贮饲料的玉米品种，在乳熟期至蜡熟期内，收获包括果穗在内的整株玉米。在畜牧业发达国家，青贮专用型玉米品种在饲料种植中占有很大比重。法国、英国、德国、荷兰等欧洲国家青贮玉米种植面积占到整个玉米播种面积的30%~40%，有的地区甚至超过50%；美国青贮玉米一般年播种面积达335万公顷，占玉米种植面积的12%以上。我国青贮玉米起步较晚，发展较慢，青贮品种的播种面积占玉米总播种面积的比例也很低，虽然这一情况近年来有所改观。近年来我国反刍动物饲养业的快速发展，将拉动青贮玉米产业的快速发展。

青贮专用型玉米品种与普通玉米不同，一般籽粒产量较低，植株高大，在北方果穗多发育不良，分单秆或多秆，多数属于单秆品种。一般生物产量高，可获得较高的可用饲料量。目前，我国青贮专用型玉米品种主要分布在内蒙古、甘肃、山东、新疆维吾尔自治区（以下简称新疆）等地。

发展青贮专用型玉米品种的种植和加工利用有如下优点：① 易于机械化作业，有利于提高机械化水平，节约人力成本；② 有利于促进种植业结构调整，大幅度提高农牧民收入，实现粮饲经三元结构的有机结合；③ 对畜牧业生产起到积极的促进作用，有利于实现农业由数量型增长向优质高效型转变。

由于作物育种单位长期重视不足，我国青贮玉米品种的选育工作基础较薄弱，多数育种专家都是在粮用玉米选育过程中，将生物量较高的组合转做青贮玉米品种，很少有专家将主要精力放在青贮专用型品种的选育上。随着我国社会经济的发展和人民生活水平的提高，畜牧业进入快速发展的阶段，对青贮专用型玉米品种的需求快速增长，青贮专用型玉米的选育工作也受到越来越多的关注，已经选育出一批专用型品种。目前主要品种有：豫青贮23、京科青贮516、真金青贮31、真金青贮32 、新青1号、曲辰19号、郑青贮1号、北农青贮208、新饲玉15号、京科青贮301、西蒙青贮707、桂青贮1号和金岭17等13个品种。现将上述品种分别介绍如下。

一、豫青贮23

豫青贮23（国审玉2008022）由河南省大京九种业有限公司选育（图2-1-1），母本9383，来源于丹340×U8112；父本115，来源于78599。适宜在北京、天津、河北、内蒙古、辽宁、吉林、黑龙江等北方区域种植（图2-1-1）。

1. 特征特性

东北、华北地区出苗至青贮收获期117天。幼苗叶鞘紫色，叶片浓绿色，叶缘紫色，花药黄色，颖壳紫色。株型半紧凑，株高330cm，成株叶片数18~19片。经中国农业科学院作物科学研究所两年接种鉴定，高抗矮花叶病，高抗丝黑穗病，中抗大、小斑病和

图 2-1-1　豫青贮 23 田间生长情况（河南省大京九种业有限责任公司供稿）

纹枯病。

2. 品种抗性

高抗矮花叶病毒病，抗大、小斑病和纹枯病，抗逆性强，适应性强。

3. 原料品质

经北京农学院植物科学技术系两年品质测定，该品种全植株（以干物质计）中性洗涤纤维含量 46.72%~48.08%，酸性洗涤纤维含量 19.63%~22.37%，粗蛋白含量 9.3%，淀粉含量达 30% 以上。按照 GB/T 25882—2010 青贮玉米品质分级国家标准，四项指标中酸性洗涤纤维、粗蛋白含量、淀粉含量三项指标均达到制作一级青贮标准，中性洗涤纤维含量达到制作二级青贮标准。

4. 产量表现

2005 年参加内蒙古区试平均每亩生物产量 6 237.1kg，比对照增产 11.7%；2006 年参加内蒙古饲用玉米区试点生物产量比对照增产 23.3%；2006—2007 年参加国家青贮玉米品种区域试验，两年平均亩生物产量比对照平均增产 9.4%。

5. 栽培要点

中等肥力以上地块栽培，每亩适宜密度 4 500 株左右。注意防治丝黑穗病和小斑病。

二、京科青贮 516

京科青贮 516（国审玉 2007029），由北京市农林科学院玉米研究中心选育，母本 MC0303，来源于（9042 × 京 89）× 9046；父本 MC30，来源于 1145 × 1141。适宜在北京、天津、河北北部、辽宁东部、吉林中南部、黑龙江第一积温带、内蒙古呼和浩特、山西北部春播区，作专用青贮玉米品种种植（图 2–1–2）。

图 2–1–2　京科青贮 516（北京市农林科学院玉米中心供稿）

1. 特征特性

在东华北地区出苗至青贮收获期 115 天，比对照农大 108 晚 4 天，需有效积温 2 900℃左右。幼苗叶鞘紫色，叶片深绿色，叶缘紫色，花药黄色，颖壳紫色。株型半紧凑，株高 310cm，成株叶片数 19 片。

2. 品种抗性

经中国农业科学院作物科学研究所两年接种鉴定，抗矮花叶病，中抗小斑病、丝黑穗病和纹枯病，感大斑病。

3. 原料品质

经北京农学院植物科学技术系两年品质测定，该品种全植株（以干物质计）中性洗涤纤维含量 47.58%~49.03%，酸性洗涤纤维含量 20.36%~21.76%，粗蛋白含量 8.08%~10.03%。

4. 产量表现

2005—2006 年参加青贮玉米品种区域试验（华北组），两年平均亩生物产量（干重）1247.5kg，比对照农大 108 增产 11.5%。

5. 栽培要点

在中等肥力以上地块栽培，每亩适宜密度 5 000 株左右。

三、真金青贮 31

真金青贮 31（蒙认饲 2007002 号），由内蒙古真金种业科技有限公司选育。以自交系墨 T611 为母本，自交系白 72 为父本组配而成。适于活动积温（≥ 10℃）2 600℃以上的区域推广种植（图 2-1-3）。

1. 特征特性

全生育期 145 天，青贮生育期 125 天。苗期长势强，茎基紫色，根系发达，气生根层数多；植株不分蘖，茎秆粗壮茂盛；株型半紧凑，株高 357cm 左右，穗位 170cm 左右，

图 2-1-3　真金青贮 31（内蒙古真金种业科技有限公司供稿）

叶片浓绿，持绿性好，青贮时平均绿叶片数为 17.25 片；籽粒白色，在北方不能成熟。

2. 品种抗性

高抗大小斑病，中抗丝黑穗病、矮花叶病、粗缩病、锈病。

3. 原料品质

经北京农学院鉴定，该品种全植株（以干物质计）中性洗涤纤维含量 53.08%，酸性洗涤纤维含量 25.24%，蛋白质含量 10.10%。适口性好，青贮品质优。

4. 产量表现

2005 年参加内蒙古饲用玉米区域试验，平均生物产量 8 141.1kg/ 亩，比对照东陵白增产 45.77%。平均生育期 126 天，比对照早 1 天。2006 年参加内蒙古饲用玉米区域试验，平均生物产量 5 507.7kg/ 亩，比对照东陵白增产 15.11%。平均生育期 129 天，比对照晚 4 天。

5. 栽培要点

每亩适宜密度 3800 株左右。

四、真金青贮 32

真金青贮 32（蒙认饲 2007003 号）由内蒙古真金种业科技有限公司以自交系墨 T611 为母本，自交系刍多 11 为父本选育而成。适宜在内蒙古自治区活动积温（≥ 10℃）2 600℃以上的区域推广种植（图 2–1–4）。

图 2–1–4　真金青贮 32
（内蒙古真金种业科技有限公司供稿）

1. 特征特性

生育期：全生育期 146 天，青贮生育期 125d。植株：根系发达，气生根多；株高 350cm 左右，株型半紧凑，茎秆持绿性好，具有分枝多穗性，平均每株有 1~3 个分蘖，茎叶繁茂，叶片浓绿，持绿性好；青贮时平均绿叶片数为 13.9 片；籽粒白色，在北方不能成熟。

2. 品种抗性

高抗倒伏及大小斑病，抗粗缩病、锈病、丝黑穗病，耐旱。

3. 原料品质

青贮品质优良，适口性好。经北京农学院鉴定，该品种全植株（以干物质计）中性洗涤纤维含量 53.27%，酸性洗涤纤维含量 25.11%，蛋白质含量 9.42%。

4. 产量表现

参加内蒙古自治区青贮品种试验，平均生物产量为 7940kg/ 亩，较对照品种（东陵

白）增产 42.17%。

5. 栽培要点

每亩适宜密度 3 800 株左右。

五、新青 1 号

新青 1 号 2002 年通过国家牧草品种审定委员会审定，审定登记号：238。2007 年获得国家植物新品种权，品种权号：CAN20030203.5，由新疆农业科学院粮食作物研究所选育而成。母本是以南斯拉夫玉米自交系 ZPL773 为基础经多年选育而成的自交系 773-1，具有良好抗倒伏、持绿性的特点，父本选自分蘖多穗玉米自交系多穗 1。适合新疆南北疆春播、南疆复播以及活动积温（≥ 10℃）2 400℃以上地区作青贮专用型玉米种植（图 2-1-5）。

1. 特征特性

株高 270~300cm，穗位高 140~160cm，分蘖一般 3~5 个，分蘖成株 3~4 个。单株结穗一般 5~8 个。果穗筒型，穗长 16cm，穗粗 4.1cm，穗行数 16~18 行。籽粒红色，硬粒型，千粒重 180g，出籽率 86.7%, 籽粒产量 450kg/ 亩左右。

2. 品种抗性

苗期生长势强，叶片深绿，抗逆性、抗病性和适应性强。

图 2-1-5　新青 1 号（新疆农业科学院粮食作物研究所供稿）

3. 原料品质

该品种全植株（以干物质计）粗蛋白含量 11.63%，粗脂肪 3.02%，总糖 11.65%，粗纤维 8.38%，无氮浸出物 32.42%，干物质含量 49.94%。籽粒粗蛋白 13.19%，粗脂肪 5.55%，总糖 6.52%，粗纤维 1.32%，无氮浸出物 71.63%，干物质含量 91.48%。

4. 产量表现

一般生物产量 4 500~5 500kg/ 亩，区试平均生物产量 5 167.9kg/ 亩，比对照新多 2 号增产 18%。，高产潜力 8 000kg/ 亩，籽粒产量 450kg/ 亩左右。

5. 栽培要点

① 播种：适时早播，一般 10cm 土温稳定在 10℃即可播种，北疆春播一般 4 月 20 日左右，南疆复播一般在 6 月中下旬至 7 月上旬。播种量 2kg/ 亩，播种深度 5~6cm。播种时带种肥磷酸二铵 8~10kg/ 亩。② 密度：保苗密度 5000 株 / 亩。③ 田间管理：玉米显行后进行中耕，4~5 叶期开始定苗，5 叶期开始分蘖，结合中耕，追施促蘖肥尿素 5kg/ 亩，1~2 个分蘖后进行第二次中耕。结合浇头水追施尿素 20kg/ 亩。抽雄、吐丝期结合浇水，追施穗肥尿素 15~20kg/ 亩。全生育期灌水 4~5 次。④ 适时收获：在乳熟至蜡熟初期即乳线下移 1/4~3/4 时期收获最佳。

六、曲辰 19 号

曲辰 19 号（冀审玉 2014028 号）由云南曲辰种业股份有限公司选育。

品种来源：(M54 × M30) × 水 165-9。适宜在河北省张家口坝上及坝下丘陵青贮玉米区种植（图 2-1-6）。

1. 特征特性

幼苗叶鞘紫色。成株株型紧凑，株高 253cm，穗位 124cm，全株叶片数 21 片左右，

图 2-1-6 曲辰 19 号（云南曲辰种业股份有限公司供稿）

出苗至青体收获96天左右。雄穗分枝8个左右，花药浅紫色，花丝浅紫色，穗轴白色。籽粒黄色，半马齿形。

2. 品种抗性

吉林省农业科学院植物保护研究所鉴定，2012年，高抗丝黑穗病，抗茎腐病，感大斑病、弯孢叶斑病、玉米螟；2013年，抗茎腐病，中抗弯孢叶斑病、丝黑穗病、玉米螟，感大斑病。

3. 原料品质

2013年北京农学院植物科学技术学院测定，该品种全植株（以干物质计）中性洗涤纤维含量55.93%，酸性洗涤纤维含量22.41%，粗蛋白含量9.30%。

4. 产量表现

2012年张家口青贮玉米组区域试验，鲜重平均亩产4 169.8kg，干重平均亩产652.1kg。2013年同组区域试验，鲜重平均亩产6 121.9kg，干重平均亩产1 140.8kg。2013年生产试验，鲜重平均亩产5 564.3kg，干重平均亩产1 221.8kg。

5. 栽培要点

适时播种。适宜密度为6 000株/亩左右，行距60cm，株距35cm，留双株塘。

七、郑青贮1号

郑青贮1号（国审玉2006055），由河南省农业科学院粮食作物研究所选育。母本郑饲01，来源于（P138×P136）×豫8701；父本五黄桂，来源于（5003×黄早4）×桂综2号。适宜在山西北部、新疆北部春玉米区和河南中部、安徽北部、江苏中北部夏玉米区作专用青贮玉米品种种植，注意防止倒伏（图2-1-7）。

1. 特征特性

苗至青贮收获期比对照农大108晚4.5天左右。幼苗叶鞘紫红色，叶片绿色，叶缘绿色，花药浅紫红色，颖壳绿色。株型半紧凑，株高285cm，穗位118cm，成株叶片数19片。花丝粉红色，果穗筒型，穗长18.5cm，穗行数16行，穗轴红色，籽粒黄色、半马齿形。区域试验中平均倒伏（折）率8.4%。

2. 品种抗性

经中国农业科学院作物科学研究所两年接种鉴定，抗大斑病和小斑病，中抗丝黑穗病、矮花叶病和纹枯病。

3. 原料品质

经北京农学院测定，该品种全植株（以干物质计）中性洗涤纤维含量平均44.82%，酸性洗涤纤维含量平均22.00%，粗蛋白含量平均7.65%。

4. 产量表现

2004—2005年参加青贮玉米品种区域试验，44点次增产，12点次减产，两年区域试验平均亩生物产量（干重）1 284.4kg，比对照农大108增产9.6%，平均亩生物产量（鲜重）7 201.5kg。

图 2-1-7　郑青贮 1 号（河南省大京九种业有限公司供稿）

5. 栽培要点

每亩适宜密度 4 000~4 500 株。

八、北农青贮 208

北农青贮 208（京审玉 2007012 号，蒙认饲 2009003 号）由北京农学院以 7922 为母本，2193 为父本杂交选育而成。母本引自铁岭市农科院；父本是以 8599 经连续 10 代自交选育而成（图 2-1-8）。适于北京及周边地区作为青贮玉米种植。

1. 特征特性

叶片绿色，叶鞘紫色，叶缘绿色。半紧凑型，株高 329cm，穗位 160cm，总叶片数 21~23 片。一级分枝 7~9 个，护颖绿色，花药黄色，花丝绿色。长筒形，白轴，穗长 19~22cm，穗粗 4~5cm，穗行数 14~16 行，行粒数 40 粒，出籽率 83%。籽粒半马齿形，黄色，百粒重 34.8g。

2. 品种抗性

2007 年吉林省农业科学院植保所人工接种、接虫抗性鉴定，抗大斑病，中抗丝黑穗病（6.1%MR），高抗茎腐病（HR），中抗玉米螟（5.5MR）。

图 2-1-8　北农青贮 208（河南省大京九种业有限公司供稿）

3. 原料品质

2007 年北京农学院植物科技系（北京）测定，该品种全植株（以干物质计）中性洗涤纤维 44.43%，酸性洗涤纤维 17.18%，粗蛋白 9.63%。

4. 产量表现

2006 年参加内蒙古自治区饲用玉米区域试验，平均生物产量 5 316.7kg/ 亩，比对照东陵白增产 11.1%。2007 年参加内蒙古自治区饲用玉米区域试验，平均生物产量 7 343.9kg/ 亩，比对照东陵白增产 9.4%。出苗到收获平均春播 116 天，到成熟收获 126 天。夏播出苗到青贮收获 87 天，到成熟收获 97 天。

5. 栽培要点

最适种植密度为每亩 4 000~4 500 株，高肥力地块可适当密植，最高不超过 5 500 株每亩。施足基肥、种肥，重施穗肥，酌施粒肥，及时防治病虫害。

九、新饲玉 15 号

新饲玉 15 号（新审玉 2009 年 41 号），由新疆康地种业科技股份有限公司于 2003 年用自育的二环系 KD5-128 作母本，以自育的二环系 KD5-131 作父本，杂交组配而成

（图 2-1-9）。适宜在≥ 10℃有效积温 2 800℃以上地区春播种植。

1. 特征特性

新疆春播生育期 130 天左右。出苗快且整齐，苗期生长健壮，生长势强，分蘖少，属单秆型，全株 24~25 片叶，株高 330cm 左右，穗位 150cm 左右，叶片宽大，保绿时间长，气生根发达，抗倒性好。果穗长筒型，穗长 18~24cm，穗粗 4.0~4.5cm，穗行数 12~16，行粒数 28~38，籽粒黄色，半硬粒型，穗轴白色，千粒重 310~350 g。

2. 品种抗性

抗瘤黑粉病、中抗丝黑穗病，抗逆性强，适应性强。

3. 原料品质

据新疆农业科学院测试分析中心检验，该品种全植株（以干物质计）粗蛋白质含量 10.15%，粗脂肪含量 1.8%，粗纤维含量 21.7%，中性洗涤纤维 49.6%，酸性洗涤纤维 25.2%，原糖含量 9.36%，干物质含量 29.3%。

4. 产量表现

2007—2008 年两年参加新疆区域试验结果：平均亩生物产量为 5 503.4kg，较对照增产 4.28%。2008 年生产试验结果：平均亩生物产量 5 042.27kg。

5. 栽培要点

适期覆膜早播。每亩保苗密度 5 500~6 000 株，宜等行距栽培，留苗均匀。此品种属单秆单穗型，应及时去除分蘖。选择中上等地力，每亩施 120kg 标肥，氮磷比例 2.5：1。不宜受旱。当籽粒进入蜡熟期，籽粒顶部变硬，乳线下移至 2/5~3/5 时即可收获青贮。

图 2-1-9　新饲玉 15 号（新疆康地种业科技股份有限公司供稿）

十、京科青贮 301

京科青贮 301（国审玉 2006053），由北京市农林科学院玉米研究中心选育，母本 CH3，来源于地方种质长 3 × 郑单 958；父本 1145，引自中国农业大学（图 2-1-10）。适宜在北京、天津、河北北部、山西中部、吉林中南部、辽宁东部、内蒙古呼和浩特春玉米区和山东、安徽北部、河南大部夏玉米区种植，注意防治大斑病。

图 2-1-10　京科青贮 301（北京新实泓丰种业有限公司供稿）

1. 特征特性

出苗至青贮收获 110 天左右，比对照农大 108 晚 2 天。幼苗叶鞘紫色，叶片深绿色，叶缘紫色，花药浅紫色，颖壳浅紫色。株型半紧凑，株高 287cm，穗位高 131cm，成株叶片数 19~21 片；夏播种株高 250cm，穗位 100cm。花丝淡紫色，果穗筒型，穗轴白色，籽粒黄色、半硬粒型。

2. 品种抗性

经中国农业科学院作物科学研究所两年接种鉴定，抗小斑病，中抗丝黑穗病、矮花叶病和纹枯病，感大斑病。

3. 原料品质

经北京农学院测定，该品种全植株（以干物质计）中性洗涤纤维含量平均 41.28%，酸性洗涤纤维含量平均 20.31%，粗蛋白含量平均 7.94%。

4. 产量表现

2004—2005 年参加青贮玉米品种区域试验，42 点次增产，4 点次减产，两年区域试验平均亩生物产量（干重）1 306.5kg，比对照农大 108 增产 10.3%。

5. 栽培要点

每亩适宜密度 4000~4500 株。

十一、西蒙青贮 707

西蒙青贮 707［蒙审玉（饲）2013003］是由内蒙古西蒙种业有限公司以自交系 XM41 为母本，自交系 XM86 为父本组配而成的单交种，母本 XM41 是瑞德近缘小群体优良品系提纯后经 6 代自交系统选育而成。父本 XM86 为热带血缘材料经小群体混交后，经 6 代自交系统选育而成（图 2-1-11）。适宜在出苗至成熟期活动积温（≥ 10℃）2700℃的地区种植。

图 2-1-11　西蒙青贮 707（内蒙古西蒙种业有限公司供稿）

1. 特征特性

平均生育期 126 天；株型半紧凑，株高 311cm，穗位 134cm；收获时平均绿叶片数 14；空秆率 2.7%，双穗率 0.5%；各试点田间平均表现，大斑病 0~1 级，小斑病 0~1 级。

2. 品种抗性

经中国农业科学院作物科学研究所两年接种鉴定，抗矮花叶病，中抗小斑病、丝黑穗病和纹枯病，感大斑病。

3. 原料品质

2013 年北京农学院植物科学技术学院测定，该品种全植株（以干物质计）中性洗涤纤维 49.67%，酸性洗涤纤维 21.94%，粗蛋白 9.40%。

4. 产量表现

2012 年内蒙古饲用玉米区试，5 点平均生物产量鲜重为 5 814.0kg/ 亩，比对照金山 12 增产 17.8%，5 点 5 增，居第 2 位；干重产量为 2 045.2kg / 亩，比对照金山 12 增产 20.4%，5 点 5 增，居第 1 位。

5. 栽培要点

4 月中旬前后播种，大小行种植最佳，每亩适宜栽培密度 3 000 株。施足底肥，每亩有机肥 5 000kg，种肥亩施磷酸二铵 20kg，硫酸钾 10kg；或每亩施玉米专用肥 30kg。苗期适当蹲苗，轻施攻秆肥，重施攻穗肥，花期补施花粒肥，在拔节期、大喇叭口期、抽雄期、灌浆期各浇水一次。注意防治玉米螟、红蜘蛛。蜡熟期或蜡熟后期收获。

十二、桂青贮一号

桂青贮一号［国审玉 2008018；陕引玉 2014001 号；蒙认玉（饲）2013001 号］，由广西农业科学院玉米研究所选育，母本农大 108，引自中国农业大学；父本 CML161，引自国际玉米小麦改良中心（图 2-1-12）。适宜在宁夏中部、新疆北部、内蒙古呼和浩特春播区、陕西关中灌区和内蒙古青贮玉米种植区作专用青贮玉米品种种植（图 2-1-12）。

图 2-1-12　桂青贮 1 号（广西农业科学院供稿）

1. 特征特性

西北地区出苗至青贮收获期 126 天。幼苗叶鞘紫色，叶片绿色，叶缘紫色，花药黄色，颖壳紫色。株型平展，株高 323cm，成株 16~17 片叶。

2. 品种抗性

经中国农业科学院作物科学研究所两年接种鉴定，高抗矮花叶病，抗大斑病、丝黑穗病和纹枯病，高感小斑病。

3. 原料品质

经北京农学院植物科学技术系两年品质测定，该品种全植株（以干物质计）中性洗涤纤维含量48.82%~54.38%，酸性洗涤纤维含量21.16%~26.94%，粗蛋白含量9.27%~9.93%。

4. 产量表现

2006—2007年参加青贮玉米品种区域试验，在西北区两年平均亩生物产量（干重）1818.4kg，比对照增产11.3%。

5. 栽培要点

中等肥力以上地块栽培，每亩适宜密度5 000株左右。注意防治小斑病。

十三、金岭青贮17

金岭青贮17（蒙草审2014：NO27）由吉林省金岭青贮玉米种业有限公司选育（图2-1-13），母本J178A，来源于中国农大X178；父本J340B，来源于丹340。适宜在东北、华北、黄淮海、新疆、甘肃、陕西、宁夏及内蒙古中西部地区作青贮玉米种植。

1. 特征特性

金岭青贮17属于中晚熟通用型青贮玉米品种。出苗至青贮收获120天左右，需有效

图2-1-13　金岭青贮17号（吉林省金岭青贮玉米种业有限公司供稿）

积温 2 750℃，成株株型半平展，全株叶片数 22 片，持绿性强，株高 340~360cm，穗位高 160cm，根系发达，茎秆粗壮，高抗倒伏。果穗长筒形，穗长 26cm 左右，果穗直径 5.5cm，果穗占全株鲜重比 30%。

2. 品种抗性

抗小斑病，中抗大斑病及茎腐病，感矮花叶病毒病，高感弯孢菌叶斑病和玉米螟。

3. 原料品质

经赤峰市饲料质量监督检验站两年（2010—2011 年）测定（以干物质计）平均值为：全植株中性洗涤纤维含量 42.19%，酸性洗涤纤维含量 20.13%，粗蛋白含量 9.62%，粗脂肪 3.52%，粗纤维 17.18%，无氮浸出物 58.12%，粗灰分 4.33%。

4. 产量表现

2011—2012 年，内蒙古草品审区试平均每亩生物产量 6 413.2kg，比对照增产 13.2%；2013 年，内蒙古草品审生产试验生物产量比对照增产 16.6%。

5. 栽培要点

中等肥力以上地块栽培，每亩适宜密度 4 000~4 500 株。

第二节　粮饲兼用型玉米

粮饲兼用型玉米是指在成熟期先收获玉米籽粒用作粮食或配合饲料，然后再收获青绿的茎叶制作青贮的一类玉米品种。种植粮饲兼用型玉米，即可生产粮食，又可生产青贮饲料。这种玉米植株持绿性好，在籽粒完全成熟时，营养没有转化完毕，叶片仍很繁茂，茎叶营养保持较高水平。用作青贮饲料，可解决饲用玉米秸秆转化率低的问题，发挥粮饲兼顾、以农养牧、以牧促农、农牧结合、协调发展的功能，适合我国国情。这类玉米叶面积大，光合性能强，容易获高产。这类玉米在秸秆绿色时，仍保持较高的粗脂肪含量，而粗纤维含量低。粮饲兼用型玉米，对优化农业产业结构，促进农业经济发展，提高产值、增加农牧民收入具有重要意义。在不同区域，粮饲兼用型玉米得到不同程度的推广。面积较大的内蒙古自治区的播种面积已达 120 万亩左右。

国内粮饲兼用玉米杂交种的选育研究较早。自 20 世纪 60 年代开始，我国科学家就已开始了粮饲兼用型玉米的育种研究。经过数十年的不懈努力，已有一批较好的粮饲兼用型玉米品种上市。目前生产上应用的兼用型玉米品种主要有：中农大高油 5580、中农大高油 4515、丰垦白糯、真金青贮 1 号、东单 60、东科 301 和青贮曲辰 9 号等 7 个品种。现将上述品种分别介绍如下。

一、中农大高油 5580

中农大高油 5580（豫审玉 2006019），由中国农业大学、国家玉米改良中心以自选系 C155 为母本，自选系 BY815 为父本组配而成的单交种（图 2-2-1）。适于黄淮海夏播玉米区，东北、华北春播中熟玉米区，京津唐夏播玉米区。

1. 特征特性

株型紧凑，株高 270cm 左右，穗位 110cm 左右；果穗长筒形，穗长 25cm 左右，穗粗 5cm 左右，穗行数 16 行左右，穗轴红色；籽粒黄色，半硬粒型，千粒重 350g；油分含量 8.3% 左右，商品性好、专用性强、活秆成熟，保绿性好，后期茎秆淡紫色，可作为粮饲兼用高效型品种。

2. 品种抗性

2005 年河北省农业科学院植保所抗病虫接种鉴定：高抗茎腐病（病株率 0%）；抗矮花叶病（幼苗病株率 11.5%）、玉米大斑病 (3 级)；中抗小斑病 (5 级)；感瘤黑粉病（病株率 16.7%）；高感玉米螟（9 级）。

图 2-2-1　中农大高油 5580
（国家玉米改良中心供稿）

3. 原料品质

2004 年农业部农产品质量监督检验测试中心（郑州）检测（以干物质计），籽粒粗蛋白质 10.72%，粗脂肪 8.32%，淀粉 66.68%，赖氨酸 0.33%，容重 750g/L。

4. 产量表现

2004 年河南省玉米新品种区域试验中，8 点汇总，平均亩产 544.9kg，比对照郑单 958 减产 8.1%，达显著差异，居 18 个参试品种第 13 位；2005 年续试，9 点汇总，平均亩产 630.9kg，比对照郑单 958 减产 1.7%，差异不显著，居 16 个参试品种第 10 位。

5. 栽培要点

5 月下旬至 6 月上旬播种；密度 4 000~4 500 株 / 亩，苗期注意蹲苗，应保证充足的肥料供应，并注意氮磷钾配合使用。

二、中农大高油 4515

中农大高油 4515（京审玉 2005006）由中国农业大学、国家玉米改良中心选育（图 2-2-2）。品种来源：By815 × 1145，母本 By815 选自北农大油（BHO）玉米基础群体。父本 1145 选自美国先锋单交种 78599。适于东北春播晚熟玉米区，华北春播中、晚熟玉米区，黄淮海夏播玉米区，西南春、夏播玉米区。

1. 特征特性

株型半紧凑，株高 270~297cm，穗位高 105~122cm；果穗筒形，穗长 23~26cm，穗粗 5.5cm，穗行数 16~18 行；籽粒黄色，偏硬，半马齿形，千粒重 361.4g，容重 714g/L，

图 2-2-2　中农大高油 4515
（国家玉米改良中心供稿）

出籽率 85%；春播生育期 120~130 天，夏播 90~100 天。

2. 品种抗性

接种鉴定抗大斑病、小斑病、茎腐病，感丝黑穗病、弯孢菌叶斑病、矮花叶病。抗倒性中等，保绿性好。

3. 原料品质

该品种全植株（以干物质计）：含油率 8%左右，比普通玉米高 4%，达到国家高油玉米标准；粗蛋白 10.02%；活秆成熟，秸秆中性洗涤纤维含量 45%左右，达到国家青贮玉米品质优良标准。

4. 产量表现

2003—2004 年北京区域试验，平均比对照农大 108 增产 7.5%；2004—2005 年参加东华北青贮玉米品种区域试验，两年区域试验平均亩生物产量（干重）1 313kg，比对照农大 108 增产 14.9%；2006 年在黑龙江双城作为高油青贮玉米布点示范，生物产量 11 399.7kg，籽粒产量 600.6kg，品质好，得到广大养殖户的认可。

5. 栽培要点

密度应控制在 4 000 株 / 亩左右。可以等行距种植：行距 66cm，株距 25~34cm；也可宽窄行种植：宽行 93cm，窄行 40cm，株距 25~34cm。

三、丰垦白糯

丰垦白糯（蒙审玉 2011023），由内蒙古丰垦种业有限责任公司选育，品种来源：母本为 FN-M、父本为 FN-F。适宜内蒙古自治区巴彦淖尔市、呼和浩特市、赤峰市种植（图 2-2-3）。

1. 特征特性

丰垦白糯玉米品种幼苗叶片绿色，叶鞘紫色。植株平展型，株高 286cm，穗位 126cm，22 片叶。雄穗一级分枝 8~10 个，护颖紫色，花药紫色。雌穗花丝黄色。果穗长锥形，白轴，穗长 22.1cm，穗粗 5.2cm，秃尖 1.1cm，穗行数 16~18，行粒数 41，出籽率 55.9%。出苗至采收 98 天。

2. 品种抗性

2010 年吉林省农业科学院植保所人工接种、接虫抗性鉴定，中抗大斑病（5MR），

图 2-2-3　丰垦白糯（内蒙古丰垦种业有限公司供稿）

中抗弯孢病（5MR），中抗丝黑穗病(6.9%MR)，中抗茎腐病(12.5%MR)，中抗玉米螟（6.9MR）。

3. 原料品质

2010 年农业部谷物及制品质量监督检验测试中心（哈尔滨）测定，该品种全植株（以干物质计）粗蛋白 11.48%，粗脂肪 4.52%，淀粉 72.19%，赖氨酸 0.33%，支链淀粉 99.08%，直链淀粉 0.92%。

4. 产量表现

2009 年参加内蒙古自治区甜糯玉米区域试验，鲜果穗平均亩产 1266.2kg，比对照蒙糯 2 号增产 19.1%，综合评分 86.7 分。2010 年参加内蒙古自治区甜糯玉米区域试验，鲜果穗平均亩产 1140.0kg，比对照蒙糯 2 号增产 7.6%。，综合评分 85.8 分。

5. 栽培要点

每亩保苗 4 500~5 000 株。

四、真金青贮 1 号

真金青贮 1 号（蒙认饲 2005003 号），由内蒙古真金种业科技有限公司以自交系 dz9 为母本，自交系 dz35 为父本组配而成（图 2-2-4）。适于内蒙古自治区活动积温

图 2-2-4　真金青贮 1 号
（内蒙古真金种业科技有限公司供稿）

（≥ 10℃）2700℃以上地区种植。

1. 特征特性

全生育期 130 天。株型半紧凑型，株高 325cm 左右，穗位 158cm 左右，叶色浓绿，持绿性特好，茎秆“之”字形程度弱，韧性强，抗倒伏，穗下叶有花青苷显色。果穗锥形，穗长 24cm, 穗粗 5.8cm，穗行数 16~22 行，穗轴红色，籽粒黄色，马齿形。千粒重 420g，出籽率 83.5%。

2. 品种抗性

高抗大小斑、茎基腐、瘤黑粉、丝黑穗等玉米常见病害。

3. 原料品质

北京农学院植物科技系鉴定，该品种全植株（以干物质计）中性洗涤纤维 58.48%；酸性洗涤纤维 29.55%，粗蛋白 6.46%。

4. 产量表现

2003 年区域试验：生物产量为 4956.2kg/ 亩。2004 年区域试验：生物产量 4 845.2kg/ 亩，较对照冬陵白增产 9.2%。

5. 栽培要点

5 月初播种，播前进行种子包衣处理。每亩保苗 4 500~5 000 株。施足底肥，有条件地区应施农家肥 2 500kg/ 亩。种肥以磷酸二铵为主 15kg/ 亩，追施尿素 15~20kg/ 亩。大喇叭口期注意防治螟虫。

五、东单 60

东单 60（国审玉 2003046；冀审玉 2003009 号；宁审玉 2005001），由辽宁东亚种业有限公司选育，母本为 A801，来源为 9042 ×（9046 × 墨黄 9）组成的基础材料；父本为丹 598，从丹东农业科学院引进（图 2-2-5）。适于内蒙古自治区、张家口坝上等青贮玉米区种植。

1. 特征特性

幼苗叶鞘紫色，株型紧凑，株高 307cm，穗位高 125cm，成株叶片数 20~21 片。果穗锥形，穗长 21.0cm，穗行数 16~20 行，穗轴红色，籽粒黄色，马齿形，百粒重 31.3g。持绿性好，抗病性强，抗倒伏。在东北、华北地区出苗至成熟 134 天，比农大 108 晚 3 天，需活动积温（≥ 10℃）2 900℃。

图 2-2-5　东单 60（辽宁东亚种业有限公司供稿）

2. 品种抗性

经辽宁丹东农业科学院两年接种鉴定，高抗大斑病，感丝黑穗病，抗灰斑病，抗弯孢菌叶斑病，高感纹枯病，抗玉米螟。

3. 原料品质

经农业部谷物品质监督检验测试中心（北京）测定，籽粒容重为 700g/L，粗蛋白含量 11.37%，粗脂肪含量 3.56%，淀粉含量 71.29%，赖氨酸含量 0.34%。经农业部谷物品质监督检验测试中心（哈尔滨）测定，籽粒容重 737g/L，粗蛋白含量 10.25%，粗脂肪含量 2.83%，淀粉含量 73.68%，赖氨酸含量 0.27%。

4. 产量表现

2013 年参加公司青贮玉米多点试验，5 点平均生物产量鲜重为 4 988.5kg/ 亩，比对照农大 108 增产 11.7%，5 点均增产，居第 2 位。

5. 栽培要点

适宜密度为 2 800~3 000 株 / 亩，注意防治丝黑穗病、纹枯病、玉米螟等。

六、东科 301

东科 301（国审玉 2015608），由辽宁东亚种业有限公司选育（图 2-2-6）。品种来源：东 3887 × 东 3578。适宜内蒙古、河北省张家口坝上等春玉米青贮玉米区及黄淮海夏玉米青贮区种植。

1. 特征特性

黄淮海夏播区出苗至成熟 103.8 天，比对照郑单 958 晚 1 天。幼苗叶鞘浅紫色，叶片绿色。株型紧凑，株高 261cm，穗位 111cm，成株叶片数 20 片。果穗筒形，穗长 17.0 cm，穗粗 5.1cm，穗轴白色，籽粒黄色、马齿形，百粒重 35.3g。

图 2-2-6　东科 301（辽宁东亚种业有限公司供稿）

2. 品种抗性

高抗黑粉病，抗茎腐病、大小斑病、丝黑穗病、青枯病、玉米螟。

3. 原料品质

籽粒容重 724g/L，粗蛋白含量 11.73%，粗脂肪含量 3.60%，淀粉含量 73.60%，赖氨酸含量 0.31%。

4. 产量表现

2012~2013 年参加黄淮海夏玉米品种区域试验，两年平均亩产 671.6kg，比对照郑单 958 增产 8.32%；2013~2014 年生产试验，两年平均亩产 655.3kg，比郑单 958 增产 5.72%。

5. 栽培要点

适宜种植密度 4 500 株 / 亩，注意防治粗缩病。

七、青贮曲辰 9 号

青贮曲辰 9 号［冀审玉 2008043 号；蒙认玉（饲）2014002 号；滇特（曲靖）审玉米 2008016 号；新审饲玉 2011 年 42 号］，由云南曲辰种业股份有限公司选育，以 215-99×M31 为母本、SC122 为父本杂交选育而成（图 2-2-7）。母本为 215-99×M31 组合而成的单交种；父本引自宣威种子站。适宜在河北省张家口市坝上玉米区作青贮玉米种植，内蒙古自治区青贮玉米种植区种植，云南曲靖市玉米主产区种植。

图 2-2-7 青贮曲辰 9 号（云南曲辰种业股份有限公司供稿）

1. 特征特性

幼苗叶鞘紫色。成株株型半紧凑，株高 247cm，穗位 145cm，全株 25 片叶。叶片肥厚，叶距短，植株生长茂盛，茎秆粗壮。生育期 96 天左右。雄穗分枝 16~17 个，花丝浅粉色。果穗筒形，苞叶较长，穗轴白色。籽粒白色，马齿形。

2. 品种抗性

2013 年吉林省农业科学院植保所人工接种、接虫抗性鉴定，中抗大斑病（5MR），感弯孢叶斑病（7S），高抗丝黑穗病（0%HR）、茎腐病（0%HR），感玉米螟（6.1S）。

3. 原料品质

北京农学院植物科学技术系测定，该品种全植株（以干物质计）中性洗涤纤维含量 55.99%，酸性洗涤纤维含量 31.88%，粗蛋白 11.05%。

4. 产量表现

2009 年参加新疆青贮玉米品种区域试验，曲辰九号亩产鲜重为 6 222.99kg，比对照新饲玉 12 号增产 8.75%。2012 年参加内蒙古饲用玉米区域试验，生物产量为 5 736.4kg/亩，比对照金山 12 增产 16.3%。

5. 栽培要点

苗期播种早或地块较湿的条件下播种应用药剂（速保利等）拌种，以防丝黑穗病。种植密度 7 000~9 000株/亩。施农家肥 1 000~1 500kg/亩，复合肥 10kg/亩做底肥。追施分两次，第一次在 5~7片展开叶时，追施尿素 10~20kg/亩，第二次在 9~10 片展开叶时，追施尿素 30kg/亩。

第三节　粮饲通用型玉米

粮饲通用型玉米既可作为普通玉米种植，在成熟期收获籽粒，用作粮食或配合饲料；又可作为青贮玉米种植，在乳熟期至蜡熟期内收获包括果穗在内的整株玉米作青饲料或青贮。

目前，我国人民生活由温饱转向小康，对食品质量有了更高的需求。因而，应该着力推广粮饲通用型玉米，使玉米产业向粮饲经方向发展，满足市场需要的同时，提高玉米产业的综合效益，发挥玉米的粮饲经三元结构属性。在稳定粮食生产的前提下，可为地区的畜牧业发展提供充足的饲料产品资源，开发生态农业，保护生态环境，实现农业的可持续发展。

粮饲通用型玉米具有"双优"、"双高"的特点。"双优"指秸秆优质、籽粒优质；"双高"指生物产量高、籽粒产量高。粮饲通用型青贮玉米品种既可作为青贮玉米推广利用，又可用作粮食生产。种植农户可根据当年畜牧业养殖的需求情况，在玉米蜡熟期决定收获青贮还是收获籽粒。

目前推广的粮饲通用型玉米品种主要有：屯玉青贮 50、东单 606、辽单青贮 625、屯玉 808、屯玉 168、雅玉青贮 8 号、雅玉青贮 26、雅玉青贮 04889、雅玉青贮 79491 和铁研 53 等 10 个品种。分别介绍如下。

一、屯玉青贮 50

屯玉青贮 50（国审玉 2005033），由山西屯玉种业科技股份有限公司选育（图 2-3-1），母本为 T93，来源为齐 319 × T92；父本为 T49，来源为 F349 × T45。适宜在辽宁东部、吉林中南部、天津、河北北部、山西北部春播区和陕西关中夏播区作青贮玉米品种种植。

图 2-3-1　屯玉青贮 50
（北京屯玉种业有限公司供稿）

1. 特征特性

在晋东南地区出苗至成熟 127~133 天，需活动积温（≥ 10℃）3 000℃左右。幼苗叶鞘紫色，叶片绿色，叶缘紫红色，花药黄色，颖壳浅红色。株型半紧凑，株高 280cm，穗位高 118cm，成株叶片数 20 片。花丝紫红色，果穗筒形，穗轴红色，籽粒黄色，半马齿形。平均倒伏率 7.4%。

2. 品种抗性

经中国农业科学院两年接种鉴定，抗小斑病、丝黑穗病，中抗大斑病，感纹枯病。

3. 原料品质

经北京农学院两年测定，该品种全植株（以干物质计）中性洗涤纤维含量38.29%~42.62%，酸性洗涤纤维含量19.85%~20.52%，粗蛋白含量8.58%~8.66%。

4. 产量表现

2003—2004年参加青贮玉米品种区域试验，31点次增产，15点次减产，平均亩生物产量（干重）1258.2kg，比对照农大108增产4.48%。

5. 栽培要点

每亩适宜密度3 500株左右，注意防治纹枯病，适时收获。

二、东单606

东单606［蒙审玉（饲）2014001号］，由辽宁东亚种业有限公司选育（图2-3-2）。以A801为母本，以A6159为父本组配而成的单交种。母本来源于9042×(9046×墨黄9)选系，父本来源于LD61×(J599、沈137、178、沈135、K163、P126、P138、齐319混合花粉)选系。适宜在内蒙古青贮玉米种植区种植。

图2-3-2　东单606田间生长情况
（辽宁东亚种业有限公司供稿）

1. 特征特性

幼苗叶鞘紫色，株型半紧凑，株高318cm，穗位138cm，收获时平均绿叶片数13片。雄穗一级分枝16~23个，护颖绿色，花药淡紫色。雌穗花丝淡紫色。果穗筒形，穗轴红色，穗长24.4cm，穗粗4.8cm，穗行数16~20行，籽粒黄色，半马齿形。

2. 品种抗性

2013年吉林省农业科学院植保所人工接种、接虫抗性鉴定，感大斑病，中抗弯孢叶斑病，抗丝黑穗病，感茎腐病，中抗玉米螟。

3. 原料品质

2013年北京农学院植物科学技术学院测定，该品种全植株（以干物质计）中性洗涤纤维46.01%，酸性洗涤纤维16.34%，粗蛋白8.67%。

4. 产量表现

2012年参加内蒙古饲用玉米区域试验，平均亩产鲜重5 405.7kg，比对照金山12增产9.6%，出苗至收获126天。2013年参加同组生产试验，平均亩产鲜重5 186kg，比对照金山12增产12.6%。出苗至收获125天。

5. 栽培要点

4月下旬至5月上旬播种，亩保苗4 500株左右。足施底肥（农家肥2 000~3 000kg/亩），复合肥20~25kg/亩，拔节追施尿素25~30kg/亩。

三、辽单青贮625

图2-3-3　辽单青贮625
（辽宁东亚种业有限公司供稿）

辽单青贮625（国审玉2004027；蒙认饲2011003号）由辽宁省农业科学院玉米研究所选育（图2-3-3）。母本为辽88，来源为7 922×1 061；父本为沈137，来源于沈阳市农业科学院。适宜在内蒙古、北京、天津、河北北部春玉米区作专用青贮玉米种植。

1. 特征特性

在沈阳地区出苗至成熟136天，与对照农大108相同。幼苗叶鞘紫色，叶片绿色，叶缘绿色。株型半紧凑，株高272cm，穗位117cm，成株叶片数23片。果穗筒形，穗长23cm，穗行数14~16行，穗轴白色，籽粒黄色，粒形为半马齿形。

2. 品种抗性

经中国农业科学院作物科学研究所接种鉴定，高抗大斑病、小斑病，抗矮花叶病，中抗丝黑穗病和纹枯病。

3. 原料品质

经北京农学院测定，该品种全植株（以干物质计）中性洗涤纤维含量40.58%，酸性洗涤纤维含量17.66%，粗蛋白含量7.47%。

4. 产量表现

2002—2003年参加青贮玉米品种区域试验。2002年10点增产，7点减产，亩生物产量鲜重4 037.09kg，比对照农大108增产3.54%；2003年13点增产，6点减产，亩生物产量干重1 262.21kg，比对照农大108增产2.13%。

5. 栽培要点

适宜密度为3 500~4 500株/亩，注意防治纹枯病。

四、屯玉808

屯玉808（国审玉2011013），由天津科润津丰种业有限责任公司选育（图2-3-4），品种来源：T88×T172。适宜在河南、河北保定及以南地区（石家庄除外）、山东（烟台

图 2-3-4 屯玉 808（北京屯玉种业有限公司供稿）

除外）、陕西关中灌区、山西运城地区夏播种植，注意防止倒伏。

1. 特征特性

在黄淮海地区出苗至成熟 101 天，与郑单 958 相当。幼苗叶鞘浅紫色，叶片深绿色，叶缘浅紫色，花药浅紫色，颖壳绿色。株型紧凑，株高 253cm，穗位高 110cm，成株叶片数 20 片。花丝浅粉色，果穗筒形，穗长 17.5cm，穗行数 14~16 行，穗轴白色，籽粒黄色、半马齿形，百粒重 34.7g。

2. 品种抗性

经河北省农林科学院植物保护研究所两年接种鉴定，中抗小斑病和茎腐病，感大斑病、弯孢菌叶斑病、瘤黑粉病和玉米螟。

3. 原料品质

经农业部谷物品质监督检验测试中心（北京）测定，籽粒容重 791g/L，粗蛋白含量 11.22%，粗脂肪含量 4.76%，淀粉含量 70.13%，赖氨酸含量 0.31%。

4. 产量表现

2009—2010 年参加黄淮海夏玉米品种区域试验，两年平均亩产 620.9kg，比对照增产 3.2%。2010 年生产试验，平均亩产 581.9kg，比对照郑单 958 增产 4.6%。

5. 栽培要点

在中等肥力以上地块种植。适宜播种期 6 月中旬。每亩适宜密度 4 500~5 000 株。后期注意防治玉米螟。

五、屯玉168

屯玉168（宁审玉2014006）由北京屯玉种业有限责任公司利用T6708×T913杂交选育而成（图2-3-5）。适宜宁夏灌区套种。

图2-3-5　屯玉168（北京屯玉种业有限公司供稿）

1. 特征特性

幼苗叶鞘深紫色，叶片绿色，叶缘紫色，雄穗护颖绿色，花药深紫色，雌穗花丝浅紫色。株型紧凑，株高260cm，穗位124cm，空秆率1.55%，双穗率1.08%，倒伏株率1.26%，倒折株率0.71%，黑粉病株率0.62%，果穗筒形，穗长18.4cm，穗粗5.4cm，秃尖1.7cm，穗行数18行，行粒数37粒，单穗粒重198g，百粒重32.4g，出籽率83.6%，白轴，籽粒黄色、半马齿形。生育期142天，比对照沈单16号晚4天，属晚熟杂交品种。

2. 品种抗性

2012年中国农业科学院作物科学研究所抗病虫性鉴定，高抗大斑病、茎腐病，中抗丝黑穗病，抗小斑病，高感矮花叶病，感玉米螟。2012年北京市农林科学院DNA检测结果符合要求。抗倒，抗青枯，活秆成熟，生长整齐，适应性强，稳产性好。

3. 原料品质

2012年农业部谷物品质监督检验测试中心（北京）测定，该品种全植株（以干物质计）容重722g/L，粗蛋白质9.67%，粗脂肪4.30%，淀粉71.12%，赖氨酸0.31%。

4. 产量表现

2010 年区域试验套种平均亩产 605.1kg，较对照沈单 16 号增产 7.6%；2011 年区域试验套种平均亩产 629.5kg，较对照沈单 16 号增产 14.87%；2012 年区域试验套种平均亩产 621.2kg，较对照沈单 16 号增产 8.89%；三年平均亩产 618.6kg，较对照沈单 16 号增产 10.5%。2012 年生产试验套种平均亩产 492.1kg，较对照沈单 16 号减产 4.6%。

5. 栽培要点

① 种植方式。套种，亩密度 3500 株，小麦玉米带宽 2.0m，小麦带宽 1.3m，3 月上旬机播 12 行小麦，4 月上旬种植 2 行玉米，玉米行离小麦行 0.2m，玉米行距 0.3m。② 播种。播种期 4 月 10~25 日，地表 5cm 土壤温度稳定在 12℃，亩播 1.3~2.0kg（套种）。③ 施肥与灌水。施足底肥，亩施农家肥 2 000kg，磷酸二铵 10kg，尿素 20kg；6 月上、中旬亩追施磷酸二铵 10kg，尿素 20kg；苗期要蹲苗，生育期灌水 3 次或 4 次。④ 加强管理。促苗全、苗壮，中耕 2 次或 3 次；抽雄前中耕培土，防止后期倒伏；大喇叭口期心叶投颗粒杀虫剂防玉米螟；适期收获。

六、雅玉青贮 8 号

雅玉青贮 8 号（国审玉 2005034），由四川雅玉科技开发有限公司选育（图 2-3-6）。母本为 YA3237，来源为豫 32 × S37；父本为交 51，来源为贵州省农业管理干部学院。适宜在西南地区做粮饲通用型玉米种植，也可在北京、天津、山西北部、吉林、上海、福建中北部、广东中部春播区和山东泰安、安徽、陕西关中、江苏北部夏播区作青贮专用型玉

图 2-3-6 雅玉青贮 8 号（四川雅玉科技开发有限公司供稿）

米品种种植。

1. 特征特性

在南方地区出苗至青贮收获 88 天左右。幼苗叶鞘紫色，叶片绿色，花药浅紫色，颖壳浅紫色。株型平展，株高 300cm，穗位高 135cm，成株叶片数 20~21 片。花丝绿色，果穗筒形，穗轴白色，籽粒黄色，硬粒型。

2. 品种抗性

经中国农业科学院作物科学研究所接种鉴定，高抗矮花叶病，抗大斑病、小斑病和丝黑穗病，中抗纹枯病。

3. 原料品质

经北京农学院测定，该品种全植株（以干物质计）中性洗涤纤维含量 45.07%，酸性洗涤纤维含量 22.54%，粗蛋白含量 8.79%。

4. 产量表现

2002—2003 年参加青贮玉米品种区域试验，31 点次增产，5 点次减产，2002 年亩生物产量（鲜重）4 619.21kg，比对照农大 108 增产 18.47%；2003 年亩生物产量（干重）1 346.55kg，比对照农大 108 增产 8.96%。

5. 栽培要点

每亩适宜密度 4 000 株，注意适时收获。

七、雅玉青贮 26

雅玉青贮 26（国审玉 2006056），由四川雅玉科技开发有限公司选育（图 2-3-7）。母本 YA3237，来源于郑 32 × S37；父本 YA8201，来源于巴西杂交种 AGROLERES1051。适宜在西南地区作粮饲通用型玉米种植；也可在北京、天津、山西北部、吉林中南部、辽宁东部、内蒙古呼和浩特、新疆北部春玉米区和安徽北部、陕西中部夏玉米区作专用青贮玉米品种种植，注意防治纹枯病。

1. 特征特性

出苗至青贮收获期比对照农大 108 晚 5 天左右。幼苗叶鞘浅紫色，叶片绿色，叶缘绿色，花药紫色，颖壳；浅紫色。株型平展，株高 362cm，穗位高 151cm，成株叶片数 18 片。花丝绿色，果穗筒形，穗长 19~21cm，穗行数 14~16 行，穗轴白色，籽粒黄色、半马齿形。区域试验中平均倒伏（折）率 8.2%。

2. 品种抗性

经中国农业科学院作物科学研究所两年接种鉴定，抗大斑病、丝黑穗病和矮花叶病，中抗小斑病，感纹枯病。

3. 原料品质

经北京农学院测定，该品种全植株（以干物质计）中性洗涤纤维含量平均 47.04%，酸性洗涤纤维含量平均 23.48%，粗蛋白含量平均 7.78%。

图 2-3-7　雅玉青贮 26 号（四川雅玉科技开发有限公司供稿）

4. 产量表现

2004—2005 年参加青贮玉米品种区域试验，44 点次增产，11 点次减产，两年区域试验平均亩生物产量（干重）1322.9kg，比对照农大 108 增产 11.7%。

5. 栽培要点

每亩适宜密度 4 000 株左右。

八、雅玉青贮 04889

雅玉青贮 04889（国审玉 2008019），由四川雅玉科技开发有限公司选育母本 YA0474，来源于 YA3237-4 × 7854；父本 YA8201，来源于国外引进品种（图 2-3-8）。适宜在西南地区作粮饲通用型玉米种植，也可在四川、上海、浙江、福建、广东作专用青贮玉米品种种植。

1. 特征特性

南方地区出苗至青贮收获期 98 天。幼苗叶鞘紫色，叶片深绿，叶缘绿色，花药紫色，颖壳浅紫色。株型半紧凑，株高 281cm，成株叶片数 18 片。

图 2-3-8　雅玉青贮 04889（四川雅玉科技开发有限公司供稿）

2. 品种抗性

经中国农业科学院作物科学研究所两年接种鉴定，高抗矮花叶病，抗大斑病、丝黑穗病和纹枯病，中抗小斑病。

3. 原料品质

经北京农学院植物科学技术系两年品质测定，该品种全植株（以干物质计）中性洗涤纤维含量 48.87%~51.75%，酸性洗涤纤维含量 22.31%~23.55%，粗蛋白含量 9.11%~9.88%。

4. 产量表现

2006—2007 年参加青贮玉米品种区域试验，在南方区两年平均亩生物产量（干重）1 005.7kg，比对照增产 13.7%。

5. 栽培要点

中等肥力以上地块栽培，每亩适宜密度 4 000 株左右。

九、雅玉青贮 79491

雅玉青贮 79491（国审玉 2009014），由四川雅玉科技开发有限公司选育（图 2-3-9），品种来源：YA7947 × LX9801。适宜在宁夏中部、新疆北部（昌吉除外）作专用青贮玉米品种春播种植。大斑病、小斑病和矮花叶病高发区慎用。

图 2-3-9　雅玉青贮 79491（四川雅玉科技开发有限公司供稿）

1. 特征特性

雅玉青贮 79491 在西北地区出苗至青贮收获期平均 122 天，需活动积温 2 500℃（≥ 10℃）左右。幼苗叶鞘紫色，叶片绿色，叶缘绿色，花药浅紫色，颖壳浅紫色。株型紧凑，株高 355cm，成株叶片数 20 片左右。

2. 品种抗性

经中国农业科学院作物科学研究所两年接种鉴定，中抗丝黑穗病和纹枯病，感大斑病和小斑病，高感矮花叶病。

3. 原料品质

经北京农学院植物科学技术系两年品质测定，该品种全植株（以干物质计）中性洗涤纤维含量 41.79%~46.08%，酸性洗涤纤维含量 17.65%~24.35%，粗蛋白含量 7.46%~9.35%。

4. 产量表现

2007—2008 年参加青贮玉米品种区域试验，两年平均亩生物产量（干重）2 046.9kg，比对照雅玉 26 增产 12.8%。

5. 栽培要点

在中等肥力以上地块栽培，每亩适宜密度 4500 株左右，注意防治矮花叶病。

十、铁研 53

图 2-3-10　铁研 53
（北京禾佳源农业科技股份有限公司供稿）

铁研 53［辽审玉（2010）498 号；藏种审证字第 2013153 号］，由辽宁省铁岭市农业科学院选育（图 2-3-10），母本铁 0320-2 来源于铁 98042 与丹 9046 的二环系，父本铁 0255-2，为豫 87-1 与铁 9010 的二环系。该品种适宜在辽宁沈阳、铁岭、丹东、大连、鞍山、锦州、朝阳、葫芦岛等玉米区种植；适宜在西藏海拔 2 700~3 900m 以下农区作青贮玉米种植。

1. 特征特性

该品种在西藏属于中早熟品种，全生育期为 120 天，幼苗叶鞘紫色，叶片绿色，叶缘白色，苗势强。株型紧凑，株高 322cm，穗位 154cm，成株叶片数 21~24 片。果穗锥形，穗行数 16~18 行，籽粒黄色，粒型为马齿形，百粒重 42.7g。营养体繁茂。该品种在辽宁为晚熟品种生育期 135 天左右，株高 322cm，穗位 154cm。

2. 品种抗性

经 2009—2010 年人工接种鉴定，中抗大斑病（1~5 级），中抗灰斑病（1~5 级），中抗弯孢菌叶斑病（1~5 级），中抗茎基腐病（1~5 级），感丝黑穗病（发病株数 0.9~21.3%）。

3. 原料品质

经农业部农产品质量检验测试中心（沈阳）测定，籽粒容重 748.6g/L，粗蛋白含量 10.00%，粗脂肪含量 4.40%，淀粉含量 73.90%，赖氨酸含量 0.28%。

4. 产量表现

2009~2010 年参加辽宁省玉米晚熟组区域试验，17 点次增产，2 点次减产，两年平均亩产 634.2kg，比对照丹玉 39 增产 6.1%；2010 年参加同组生产试验，平均亩产 451.9kg，比对照丹玉 39 增产 1.1%。2011—2013 年在拉萨市引种试验点平均每亩青饲料（含果穗）产量 15 793.3kg。

5. 栽培要点

在中等以上肥力地块种植，辽宁晚熟栽培适宜密度为 3 500 株 / 亩。西藏青贮栽培每亩种植密度 5 000 株。

第三章　青贮制作流程

第一节　青贮原理

一、基本原理

在厌氧条件下，饲料中的乳酸菌发酵糖分产生乳酸。当不断积累的乳酸使青贮料的pH值下降到3.8~4.2时，青贮料中所有微生物都处于被抑制状态，使得饲料的营养价值可以长期保存（图3-1-1）。

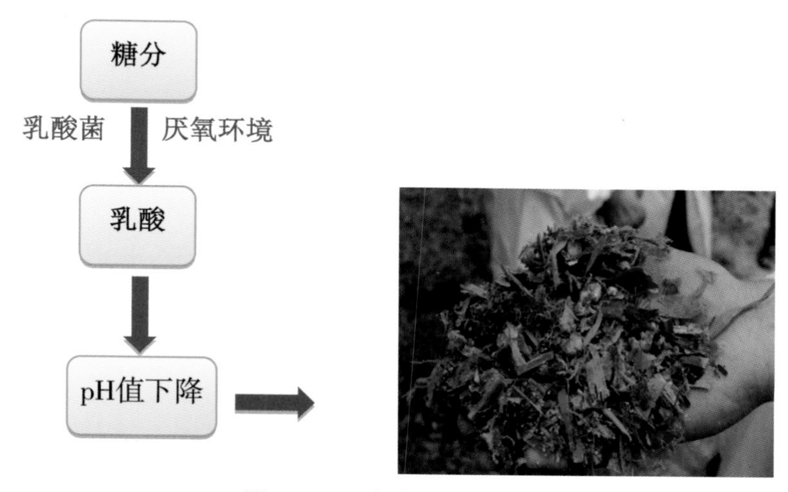

图3-1-1　青贮制作原理图

二、微生物

刚刚刈割的青贮玉米原料中含有各种细菌、霉菌、酵母菌等微生物。由表3-1-1可以看出，新鲜青贮玉米饲料上腐败菌的数量远远超过乳酸菌的数量，所以，如果不及时青贮，会影响开窖时青贮玉米的品质。因此，为了保证乳酸菌的正常活动，我们需要了解青贮过程中各种微生物的活动规律和对环境的要求（表3-1-2），从而抑制有害微生物，创造有益于乳酸菌活动的最适环境（图3-1-2）。

表 3-1-1 每克新鲜饲料原料上附着微生物的数量

饲料种类	腐败菌（百万个）	乳酸菌（千个）	酵母菌（千个）	酪酸菌（千个）
玉米	42.0	170.0	500.0	1.0

引自：王成章（1998），《饲料生产学》

表 3-1-2 青贮过程中几种微生物对环境的要求

微生物种类	氧气	温度（℃）	pH 值
乳酸链球菌	±	25 ~ 35	4.2 ~ 8.6
乳杆菌	—	15 ~ 25	3.0 ~ 8.6
枯草芽孢杆菌	+	—	—
马铃薯杆菌	+	—	7.5 ~ 8.5
变形杆菌	+	—	6.2 ~ 6.8
酵母菌	+	—	4.4 ~ 7.8
酪酸菌	—	35 ~ 40	4.7 ~ 8.3
醋酸菌	+	15 ~ 35	3.5 ~ 6.5
霉菌	+	—	—

引自：王成章（1998），《饲料生产学》

（一）有益微生物

乳酸菌

乳酸菌种类繁多，对青贮有益的主要是乳酸链球菌和乳酸杆菌（表 3-1-3），它们均为同质发酵的乳酸菌，发酵后只产生乳酸。

表 3-1-3 青贮过程中两种主要乳酸菌类型

条件	乳酸链球菌	乳酸杆菌
细菌类型	兼性厌氧菌	厌氧菌
氧气	±	—
耐酸性	较弱	较强
停止活动所需青贮的酸量	0.5%~0.8%	1.5%~2.4%
停止活动所需的青贮 pH 值	4.2	3.0

根据乳酸菌对温度的要求，可将其分为好冷性乳酸菌和好热性乳酸菌。正常青贮时，好冷性乳酸菌活动占主导，在 25~35℃的温度条件下繁殖最快。好热性乳酸菌的活动对青贮不利，它可使青贮温度达到 52~54℃，超过这个温度，其他好气性腐败菌等微生物会参与到发酵过程中，造成青贮养分损失，进而使青贮饲料品质变差。

（二）有害微生物

1. 丁酸菌（酪酸菌）

丁酸菌是一种厌氧、不耐酸的有害细菌，主要有丁酸梭菌、蚀果胶梭菌、巴氏固氮梭菌等。它在 pH 值小于 4.7 时不能繁殖，只在温度较高时才能繁殖。当青贮饲料中丁酸含量达到千分之三以上（干物质基础）时，就会影响青贮料的品质。

2. 腐败菌

腐败菌是能强烈分解蛋白质的细菌，此类细菌很多，它能使青贮原料变臭变苦，养分损失大，导致青贮失败。但是，腐败菌只有在青贮料装压不紧、残存空气较多或密封不好时才大量繁殖。在正常的青贮条件下，当乳酸逐渐形成，pH 值下降，氧气耗尽后，腐败细菌活动即迅速抑制，以至死亡。

（三）其他微生物

1. 酵母菌

酵母菌是好气性细菌，能够发酵乙酸，使饲料具有芳香味。当密封不严，空气过多时，酵母菌能够大量繁殖，分解有机酸，影响乳酸的积累。

2. 霉菌

霉菌是好气性细菌，通常仅存在于青贮饲料的表层或边缘等易接触空气的部分。当空气过多时，霉菌能够分解乳酸、乙酸等，破坏青贮养分，影响青贮质量。

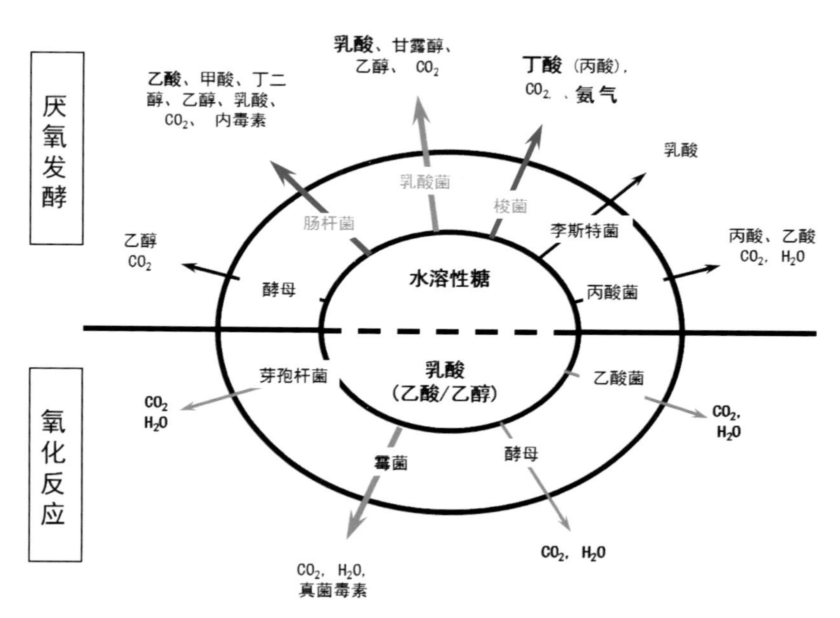

图 3-1-2　青贮发酵过程中微生物的活动

三、发酵阶段

（一）有氧呼吸期

该阶段主要进行植物的细胞呼吸和好氧腐败菌的繁殖，是青贮饲料由有氧变为厌氧过程所必需的，一般持续 1~3 天。具体过程如图 3-1-3。

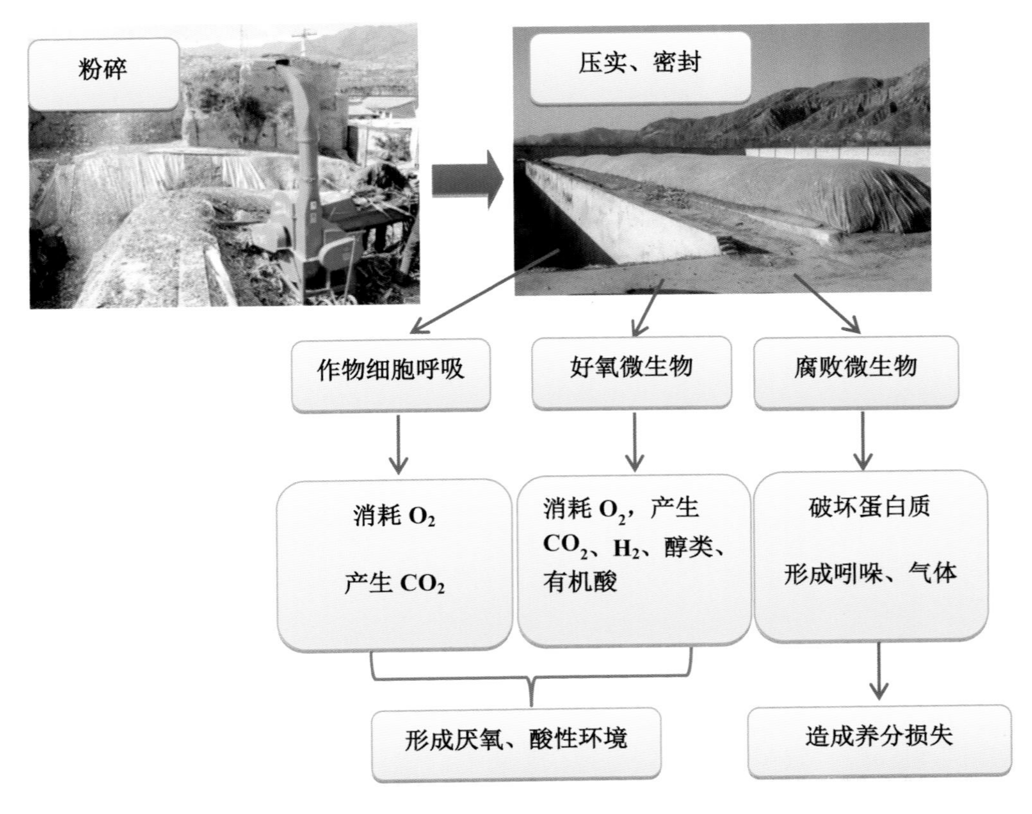

图 3–1–3　有氧呼吸期过程示意图

在此阶段，应该注意以下两点。

（1）制作青贮饲料时，考虑原料的化学组成、青贮料的装填密度和装填速度，缩短有氧呼吸期，减少营养损失。

（2）提高乳酸积累的速度，使 pH 值迅速降低（pH 值 < 5.5），抑制植物呼吸酶的活力以及霉菌、腐败菌的活动，降低发酵温度，减少蛋白质、干物质和能量的损失。

（二）厌氧发酵期

随着青贮设备中氧气的耗尽，青贮进入厌氧发酵阶段，此阶段一般持续 2~3 周。当生成的乳酸达到足够数量时，厌氧微生物死亡，青贮发酵进入稳定阶段。在此阶段，pH 值下降越快，青贮饲料的质量越高；低 pH 值环境能够控制有害微生物的生长；乳酸 /(乙酸 + 丁酸 + 氨气) 的比例越高，饲料质量越好（图 3–1–4）。

（三）稳定期

随着乳酸的积累，青贮饲料的 pH 值下降至 3.8~4.2 时，所有微生物几乎不再活动，养分不再损失，进入发酵稳定期。在此阶段，青贮窖一定要密封良好，这样它就可以无限期保存下去，直到青贮窖被打开，密闭环境被破坏。

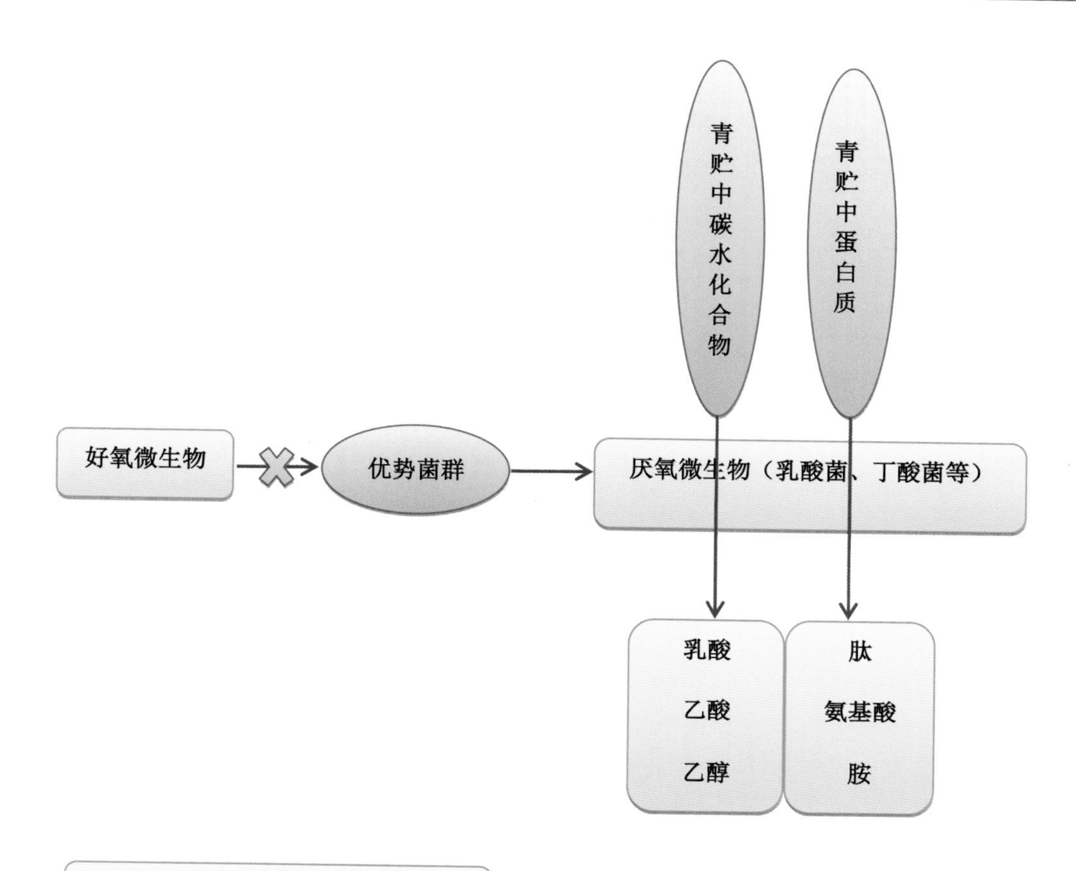

乳酸菌发酵原理

同型发酵：1 葡萄糖或 1 果糖 ⟶ 2 乳酸

异型发酵：1 葡萄糖 ⟶ 1 乳酸+1 乙酸

1 果　糖 ⟶ 1 乳酸+2 甘露醇+1 乙酸+1CO_2

丁酸菌（酪酸菌、梭菌）发酵原理

糖降解梭菌：2 乳酸 ⟶ 1 丁酸+2CO_2+2H_2

蛋白质降解梭菌：氨基酸或氨化物 ⟶ NH_3+CO_2+H_2O

图 3-1-4　厌氧发酵期示意图

（四）二次发酵

如果经过乳酸发酵的青贮饲料由于开窖或青贮过程密封不严致使空气进入，那么就会引起霉菌、酵母菌等好氧微生物的活动，使青贮饲料温度上升、品质变坏，这种现象称为二次发酵（图 3-1-5）。

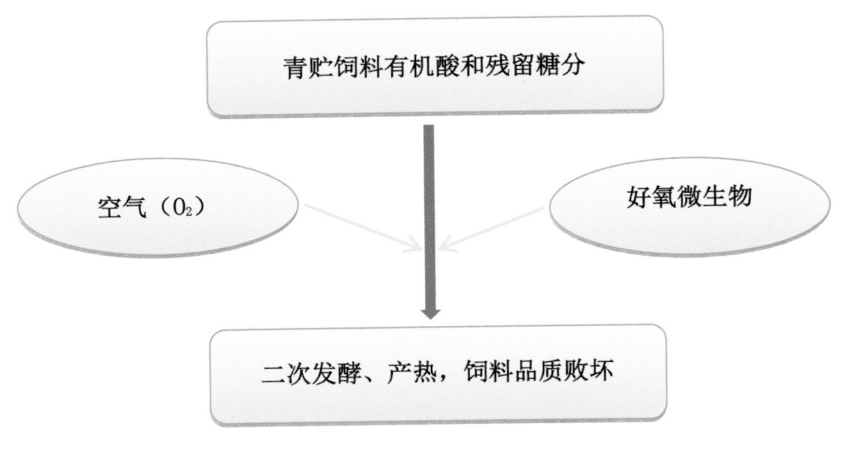

图 3-1-5　二次发酵原理图

第二节　青贮机械

随着我国农牧业的发展，生产与利用青贮饲料的量也越加增大，而青贮饲料在生产之前的首要步骤是青饲料的生产、收割、装载及运输（图 3-2-1）。在较大面积生产与利用青贮料时，必须具有适宜的青贮设备，以及与之相配套的青贮机械。在生产中，应按照饲喂的家畜以及原料的种类来确定切碎的程度。这些过程的完成，都需要机械操作，以达到高效优质的效果。

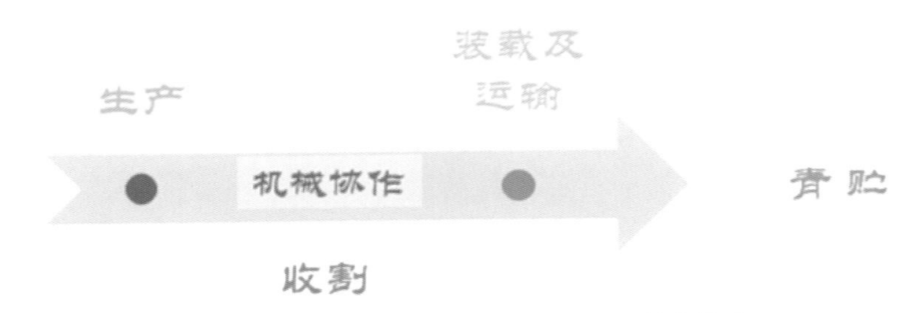

图 3-2-1　制作青贮之前的步骤需要机械化作业

一、加工机械

一般的青贮饲料原料都具有生物产量大、鲜嫩多汁等特点，当前青饲料联合收割机是比较适合的原料收割机械。因为这种机械可以同时高效率的完成收割、切碎、装载等多项工作，是比较理想的收割机器。

青贮切碎机型号很多，根据其作业功率的大小，可分为大、中、小 3 种类型（表 3-2-1）。规模化养殖场可以使用大型联合收割机（图 3-2-2），小规模养殖场可使用铡草机。

表 3-2-1　青贮收割机的主要型号与性能

机型	切刀数	切碎长度（毫米）	切割器形式	生产率（吨 / 小时）
9 SQ-10	6	30	往复式	30~40
丰收 -1.25	25	50	甩刀	30~40
3205	6	3.5~19	摆式	50
7175	3、6、9	3~49	摆式	60
H 500	2、3、6	2.7~48.5	摆式	65
FH 900	2、4、8	2.5~4.5	旋转式	65

引自：杜垒（2012),《饲料青贮与氨化关键技术图解》

（一）青贮收割机

目前，常见的青贮玉米联合收割机械大体可分为 4 种，分别是自走式青贮收割机（图 3-2-3)、玉米割台、背负式青贮收割机（图 3-2-4）及牵引式青贮收割机等类型。

图 3-2-2　大型联合收割机

图 3-2-3　自走式青贮收割机

（a）

（b）

图 3-2-4　背负式青贮收割机

自走式青贮收割机可将收割、切碎同步进行，每小时可收割 2~4hm^2 的青贮全株玉米，适用于大型收割场地，是非常理想的收割切碎机械。该类产品目前国内有三行和四行，其特点是工作效率高，作业效果好，使用和保养方便，但其用途专一。

玉米割台又称玉米摘穗台，玉米割台的使用是与麦稻联合收获机配套作业，扩展了现有麦稻联合收获机的功能，同时价格低廉，在 1 万 ~2 万元 / 台。目前国内开发该类型的产品主要与新疆 -2、佳木斯 -3060、北京 -2.5 等型小麦联合收获机配套。这类机具一般没有果穗收集功能，将果穗铺放在地面。

背负式青贮收割机一般都由拖拉机动力输出轴驱动，可提高拖拉机的利用率，机具价格也较低。但是受到与拖拉机配套的限制，作业效率较低。目前国内已开发出单行、双行、三行等产品，分别与小四轮及大中型拖拉机配套使用。按照其与拖拉机的安装位置，分为正置式和侧置式，一般多行正置背负式玉米联合收获机不需要开作业工艺道。

牵引式青贮收割机（图 3-2-5）靠地轮或拖拉机动力输出轴驱动，所以在作业时由拖拉机牵引收获机再牵引果穗收集车，配置较长，转弯、行走不便，主要应用在大型农场。

（a）

（b）

图 3-2-5　牵引式青贮收割机

（二）青贮切碎机

青贮切碎机也是没有动力设备的青贮切碎器械（图 3-2-6），需要 30~40kw 的电机或者拖拉机作为动力源，每小时切碎饲料 20 吨左右。目前常见的切碎机造价较低，制作过程存在安全隐患，建议完善危险部位和安全警示标志，用户在使用时要注意机器及人身安全。

（三）拉伸膜裹包青贮机械

拉伸膜裹包青贮是将收割后的新鲜玉米植株切碎后，用打捆机进行高密度压实打捆，然后通过裹包机用青贮塑料拉伸膜裹包起来，形成一个厌氧发酵环境。处于如此密封厌氧条件下，经 2~3 周最终完成乳酸菌自然发酵的生物化学过程。青贮拉伸膜裹包器械（图 3-2-7），在生产中可实现全自动流程，将揉搓机揉搓后的玉米秸秆一次性完成农作物秸

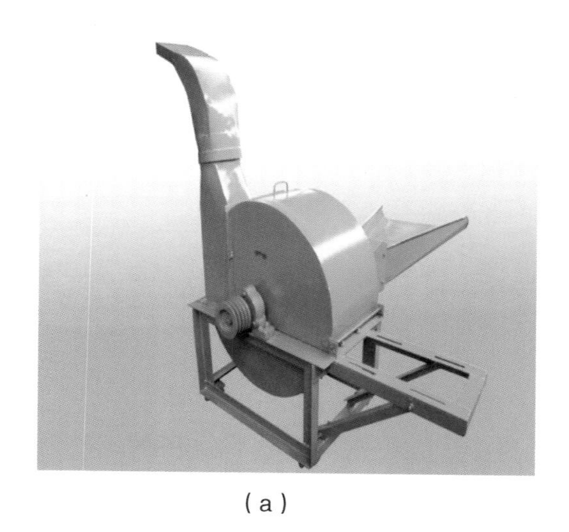
(a)

(b)

图 3-2-6　中型青贮切碎机

(a)

(b)

图 3-2-7　拉伸膜裹包青贮机械

秆打捆、包膜作业，工作效率较高。但操作人员需熟练掌握相关技术，如适时调整主机与打捆机的连接位置、检查绳子是否因为质量问题被缠绕、调整捆绳圈数及入绳的长度等（图 3-2-8）。且拉伸膜裹包青贮机械在使用过程中易出现小配备件受损等现象，应在使用过程中配备保护螺丝及刀片等，以免耽误工时。

图 3-2-8　打捆机

青贮专用拉伸膜是一种很薄、具有自黏性的塑料拉伸回缩膜。裹包青贮机械化

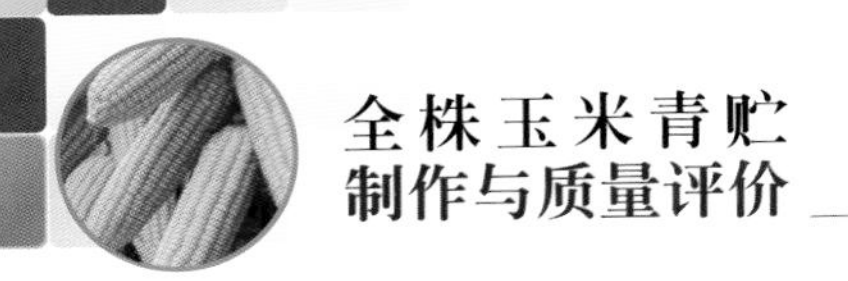

程度高，（图 3-2-9）、（图 3-2-10），加工速度快，便于取用和运输，可长时间贮存，与传统窖贮方式相比，损失小，霉变、流液和饲喂损失减少（表 3-2-2）。

图 3-2-9　自走式包膜机

图 3-2-10　固定式包膜机

表 3-2-2　裹包青贮的主要类型及其制作所需主要机械

类型	主要机械
装袋式裹包青贮	圆捆机
缠裹式裹包青贮	打捆机、缠裹机
堆式大圆草捆青贮	大圆捆机
方捆黄贮玉米秸	方捆机和高密度压捆机

（四）袋式灌装青贮机械

袋式灌装青贮（也称香肠式灌装青贮，Sausage Silage）（图 3-2-11、图 3-2-12、图 3-2-13、图 3-2-14）是应用专用设备将切碎的青饲料以高密度、快速水平压入专用拉伸膜袋中，运用电子泵将袋中空气泵出，利用拉伸膜袋的阻气、遮光功能，为乳酸菌提供发

图 3-2-11　制作袋贮青贮

图 3-2-12　履带传送青贮原料

图 3-2-13 两车同时前进，开始填装

图 3-2-14 封口时抽去袋中空气

酵环境而进行青贮。制作袋式灌装青贮机械化程度较高，可快速完成青贮制作过程，但要注意防范袋子破损。如发生破损现象，青贮品质会受到不良影响。

二、运输机械

一般在大型种植基地选用自走式联合收割机刈割玉米植株，在收割的同时可将原料切碎，运送至青贮窖直接利用。在使用自走式联合收割机收割青饲料时，选择相应的拖拉机运输切短的饲料至青贮池内（图 3-2-15）、（图 3-2-16）。

图 3-2-15 田间装载切短的青贮

图 3-2-16 运输至青贮现场

在中小规模的养殖小区中，常将整株原料运输至青贮窖旁进行切碎加工。对运输车辆要求较低，（图 3-2-17）但在青贮窖旁要装有供电切碎装置（图 3-2-18），对青贮原料进行铡切后再装填。

图 3-2-17　运输原料至加工现场

图 3-2-18　切碎加工

三、压实机械

青贮制作过程中，需要快速将切碎的青贮压实后进行密封，一般用拖拉机或铲车进行压实，直至轮胎接触后深度小于 5cm 时，可认为达到压实要求。实际操作经验表明，四轮拖拉机压实效果较好，但要注意青贮窖边角位置的青贮压实操作（图 3-2-19、图 3-2-20）。

图 3-2-19　四轮拖拉机压实青贮

图 3-2-20　铲车压实青贮

第三节　青贮添加剂

青贮原料的正常发酵必须满足以下条件：① 厌氧；② 适宜的含水量；③ 一定的含糖量；④ 适宜的温度。当原料不满足这些青贮条件时，针对不同青贮原料成分的特点，可以在制作的过程中添加青贮饲料添加剂，来保障青贮发酵的成功进行。根据添加剂的作用，可以将其分为四类：① 发酵促进剂，如乳酸菌等；② 不良发酵抑制剂，如丙酸、甲酸等；③ 营养性青贮添加剂，如糖蜜、尿素等；④ 吸附剂，如秸秆、麸皮等。因全株玉米的营养较为丰富，适合青贮，在青贮过程中常用的添加剂主要是微生物菌剂、有机酸等，而其他种类的添加剂可依据全株玉米原料的具体情况如干湿度、不同收获期等选择酌情添加。

一、微生物菌剂

1. 乳酸菌

乳酸菌通常可以根据已糖代谢为乳酸被划分为两类，这两类菌在青贮过程中同时发酵。一类被称为同型发酵：其发酵产物全部为乳酸；另一类被称为异型发酵：其产物除了乳酸外，还有乙酸、丙二醇、乙醇和 CO_2 等物质（表 3-3-1）。

表 3-3-1 常见的乳酸菌剂

Genus（属）	Species（种）	Glucose fermentation
Lactobacillus（乳杆菌属）	*acidophilus*（嗜酸乳杆菌）	*Homofermentative*（同型发酵）
	casei（干酪乳杆菌）	
	coryniformis（棒状乳杆菌）	
	curvatus（弯曲乳杆菌）	
	brevis（短乳杆菌）	*Heterofermentative*（异型发酵）
	buchneri（布氏乳杆菌）	
	fermentum（发酵乳杆菌）	
	viridescens（绿色乳杆菌）	
Pediococcus（片球菌属）	*acidilactici*（乳酸片球菌）	*Homofermentative*（同型发酵）
	cerevisiae（啤酒片球菌）	
	pentosaceus（戊糖片球菌）	
Enterococcus（肠球菌属）	*faecalis*（粪肠球菌）	*Homofermentative*（同型发酵）
	faecium（屎肠球菌）	
Lactococcus（乳球菌属）	*lactis*（乳酸乳球菌）	*Homofermentative*（同型发酵）
Streptococcus（链球菌属）	*bovis*（牛链球菌）	*Homofermentative*（同型发酵）
Leuconostoc（明串珠菌属）	*mesenteroides*（肠膜明串珠菌）	*Heterofermentative*（异型发酵）

引自 McDonald et al,（1991）

同型发酵的乳酸菌发酵产生乳酸是经 EMP 途径，利用葡萄糖经糖酵解途径生成乳酸。因为乳酸菌大都没有脱羧酶，所以糖酵解途径产生的丙酮酸就不能通过脱羧作用而生成乙醛，只有在乳酸脱氢酶催化作用下 (需要辅酶 I)，以丙酮酸作为受氢体，发生还原反应

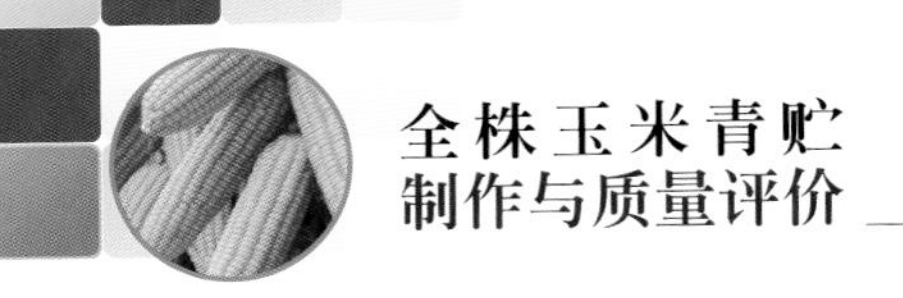

而生成乳酸。异型乳酸发酵的乳酸菌产乳酸是经 HMP 途径，除生成乳酸外还生成 CO_2 和乙醇或乙酸。异型发酵的生物合成途径也有两种：6–磷酸葡萄糖酸途径和双歧 (bifidus) 途径。前者的代表菌株有肠膜明串珠菌（*Leuconostoc mesenteroides*）及葡聚糖明串珠菌（*L. dextranicum*），后者的代表菌株为双歧杆菌（*Bifidobacterium bifidum*）。

异型发酵的乳酸菌能提高青贮饲料有氧稳定性，而这点同型发酵的乳酸菌很难做到，但在产酸能力和营养物质损失上，同型发酵的乳酸菌比异型发酵的乳酸菌更有优势。作为异型发酵乳酸菌的代表菌——布氏乳杆菌（*Lactobacillus buchneri*），它能提高青贮饲料中丙酸和乙醇的含量，同时还能分泌一些细菌素类抑菌活性物质，从而提高青贮饲料的有氧稳定性。如青贮饲料中乙酸含量过高，一般容易减少动物的采食量。然而一些研究表明，加入布氏乳杆菌提高了饲料中的乙酸含量，但没有降低动物的采食量。

因此，混合添加剂目前被较广泛地应用到青贮发酵中（图 3–3–1）。快速产酸的同型发酵乳酸菌在青贮过程的早期成为优势菌，降低 pH 值，抑制其他有害菌的生长；抑制型添加剂如乙醇、丙酸等，能提高青贮饲料的有氧稳定性。混合添加剂的使用，能最大程度上保护青贮饲料的营养。

图 3–3–1　青贮现场边压制边喷洒菌剂

作为细菌添加剂需要满足以下条件：① 能快速产酸降低 pH 值；② 能利用广泛的糖原；③ 不降解有机酸；④ 能在不同温度范围和不同生长环境下快速成为优势菌群；⑤ 分解蛋白质的活性低。

能在广泛温度范围下生长的乳酸菌菌剂对青贮发酵也是很重要。在我国北方，晚秋初冬的气温有时达到 0℃或以下，大多数附着在作物自身的乳酸菌不能在其温度下生长。研究表明，在从高粱植株中分离的 *L. curvatus* 能在 4℃下用于苜蓿青贮发酵，而在相同条件下，植物乳杆菌则没有任何发酵迹象（Tanaka et al., 2000）。又如，在我国南部地区高温高热，其中青贮时内部温度可达到 50℃以上，大多数自然附着的乳酸菌不能耐受这样的高温，使得青贮发酵不能有效进行。因此，筛选广谱温度适应性的乳酸菌，对青贮起到重要作用。

同时要注意的是，一些地区自然青贮也可以达到很好的品质，而加入菌剂的青贮与其相比并没有显著的改善。加入的菌剂如不合适，有时候也不能改变青贮发酵的趋势。比如作物自身附着的乳酸菌在与添加菌剂竞争时占优势，青贮原料含水量太低，青贮过程中氧气渗入等。所以，确保菌剂菌在青贮过程中发挥优势菌的作用，必须考虑选择相应适宜的菌种以及考虑加入量的问题。一般来说，10^6cfu/g（湿重基础）能增加在青贮中占优势发酵的概率。研究表明，在干物质含量高于 450g/kg 时，只有 10% 的自身附着乳酸菌才能生长，而加入菌剂时，必须考虑作物含水量问题，含水量以 50%~60% 为宜。

2. 其他

丙酸杆菌（*Propionibacteria*）也能作为菌剂添加剂，改善青贮品质。丙酸杆菌能发酵 3 分子乳酸产生 2 分子丙酸、1 分子乙酸和 1 分子 CO_2。丙酸杆菌能显著提高青贮饲料有氧稳定性，但是在降低 pH 值上不及乳杆菌。在含水量较高的玉米青贮材料中加入丙酸杆菌，能在 pH 值为 3.6 下抑制霉菌和酵母的生长，产生较高的丙酸含量，显著提高青贮饲料有氧稳定性。

二、有机酸

1. 无机酸

无机酸作为添加剂加入青贮饲料中，常用主要是盐酸、硫酸、磷酸，它们可以单独添加也能混合添加。但要特别注意，这些无机酸为强酸，腐蚀性很大，操作过程中一定要注意它们对仪器设备及人员的损害。

当无机酸加入青贮饲料后，pH 值下降非常迅速，大多数青贮中有害微生物不能适应，生长受到抑制。值得注意的是，无机酸作为添加剂对菌群没有筛选作用，它们仅仅作为酸化剂。通常 pH 值在 4.4~4.6 时肠杆菌受到抑制，pH 值在 4.2~5.0 时梭菌无法正常生长，pH 值在 4.5~5.0 时芽孢菌生长受到抑制，pH 值在 5.0 时放线菌受到抑制，pH 值在 2.0 以下时霉菌和酵母生长受限。虽然乳酸菌耐酸能力比其他有害菌强，但是在低 pH 值条件下，所有微生物生长都受到抑制，青贮发酵也不能正常进行。但是加入无机酸降低 pH 值，并不能抑制所有有害菌群的生长，如硫酸处理后的青贮饲料 pH 值下降到 3.5 后，酵母和霉菌仍具有活力。所以，在青贮中无机酸添加剂往往与其他抗菌剂一块使用，如甲酸等。无机酸添加剂一般还与细菌添加剂一块使用，快速降低 pH 值在 4.5 附近，激发乳酸菌发酵，提高青贮效果。

2. 有机酸

有机酸与无机酸相比，它们不仅仅作为酸化剂，同时还具有抑菌效果。它们的酸化效果不及无机酸，但是它们的抑菌效果往往是控制青贮成功发酵的关键因素。用于青贮的无机酸主要有：甲酸、乙酸、乳酸、苯甲酸、山梨酸等。

有机酸添加剂中甲酸和丙酸的使用最为常见。甲酸能部分抑制青贮中有害微生物的发酵作用，从而提高青贮质量，但是易在空气中氧化。甲酸的添加量建议为每吨鲜重原料添加 2~4 升。具体的添加量可以根据公式（0.662 － 0.0135 DM － 0.108 S/BC），其中 S/BC 表示是青贮原料中糖和缓冲容量的比值（Weissbach et al., 1980）。甲酸能降低 pH 值和抑制有害微生物生长，注意的是当 pH 过低时，也能抑制乳酸菌的生长。另外，甲酸在抑制酵母和霉菌上效果并不显著。加入甲酸能快速降低 pH 值，减少乳酸、乙酸、氨态氮的含量，但是能增大 WSC 的含量和乙醇的含量，增强青贮饲料有氧稳定性。

丙酸能弥补甲酸的不足，抑制酵母菌和霉菌的生长，从而提高有氧稳定性。丙酸作为真菌抑制剂，在解离的状态下是无法抑制真菌生长的，丙酸的 –COOH 的解离高度依赖 pH 值。在 pH 值为 6.5 时，只有大约 1% 的酸是不解离的形式，而在 pH 值为 4.8 时，大约一半的丙酸是不解离状态，具有高度抗真菌活性。它通过占据微生物表面酶的活性位点或占据氨基酸空间位置和改变细胞膜的通透性来抑制真菌生长。此外，像甲酸一样，释放的氢离子也可以起抑制真菌生长的作用。丙酸浓度大于 250 mM 且在 pH 值为 6 的条件下，乳酸菌、梭状芽孢杆菌、霉菌和酵母菌生长都受到抑制。丙酸在玉米和牧草青贮中，都能有效提高青贮效果，减少干物质的损失，特别是提高饲料有氧稳定性。丙酸具有刺鼻的味道，具有一定的腐蚀性和挥发性，因此在使用上较困难。丙酸只能抑制真菌生长，在使用过程中最好配合其他添加剂（苯甲酸盐、乙酸、乳酸菌等）一同使用，更能提高青贮效果。

山梨酸和山梨酸钾也是常用的添加剂，主要是提高青贮饲料有氧稳定性，它们能很好地抑制酵母菌、霉菌和一些细菌。山梨酸是不饱和酸，它和其钾盐山梨酸钾，添加的浓度范围为0.2~3.0g/kg。和其他有机弱酸一样，山梨酸及其盐类在不解离的状态下才具有抗菌效果。不解离的酸穿过细胞膜释放质子，酸化细胞质。在pH值为6的条件下，浓度为25mM的山梨酸能抑制芽孢细菌、霉菌和酵母菌。当pH值降至5.0时，所需浓度减少了一半。通常，山梨酸（pKa 4.75）比苯甲酸（pKa 4.2）抑制酵母菌和霉菌的生长更有效。

三、其　他

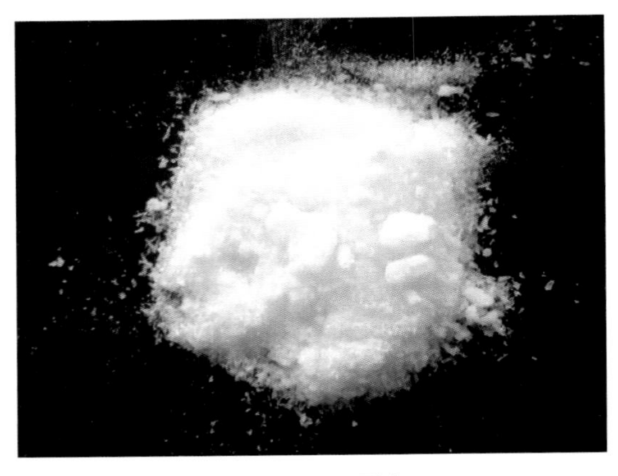

图 3-3-2　尿素

1. 尿素

尿素作为添加剂（图3-3-2）加入到青贮饲料中时，在脲酶的作用下分解为NH_3。而氨提高青贮饲料的pH值，延长发酵时间，乳酸含量降低。氨也是抑菌剂之一，因此尿素也能提高饲料的有氧稳定性。尿素作为添加剂能刺激微生物的蛋白合成，处理过的玉米青贮饲料能更好保护青贮饲料中蛋白不被降解，但氨态氮含量会有提升。

2. 矿物质

在青贮饲料中加入无机盐不但可以增加饲料本身的营养，如Ca的含量，还可以缓冲饲料的酸度，提高适口性。常见的无机盐添加剂为碳酸钙和氯化钠。添加氯化钠可以提高青贮发酵饲料的渗透压，使对渗透压敏感的梭菌生长受到抑制，而对乳酸菌则没有太大影响，因此可以提高发酵品质。对于含水量较低的青贮饲料如玉米秸秆，因其质地粗硬，细胞液不易渗出，适当加入无机盐可以促进细胞内容物流出，有利于乳酸菌发酵，从而提高饲料品质。通常无机盐的添加量为青贮原料鲜重的0.3%~0.5%。

亚硫酸钠作为添加剂，在青贮过程中，在酸性条件下与水反应转化为二氧化硫和一些无机盐。二氧化硫是一种强抑菌剂，同时也是一种强还原剂，可以消耗青贮过程中的氧气，创造无氧环境。与甲醛相似，它也是抑制青贮微生物中所有的微生物，在pH值为6，浓度为12.5 mM时，所有微生物的生长都受到抑制。

3. 酶制剂

当全株玉米青贮收割较晚、原料纤维素含量偏高时，可适量添加酶制剂。最常见的作为青贮添加剂的酶制剂是纤维素酶（图 3-3-3）和半纤维素酶。这两类酶是复杂得多聚物，其中，纤维素酶组分包括：葡聚糖内切酶（E.C.3.2.1.4），葡聚糖外切酶或者是纤维二糖水解酶（E.C. 3.2.1.91），纤维二糖酶（E.C. 3.2.1.21）。这些组分共同协调，发挥水解纤维素的功能。半纤维素酶包括 1,4-D 内切木聚糖酶（E.C. 3.2.1.8，可释放出阿拉伯糖和非阿拉伯糖）和内切木糖苷酶。1,4-D 内切木聚糖酶能随机水解木聚糖骨架成为较短长度的低聚木聚糖；内切木糖苷酶能从木聚糖的非还原段移出单分子的木糖。

图 3-3-3 纤维素酶

加入降解纤维素的酶后，可以提高青贮玉米原料中水溶性碳水化合物（WSC）的含量，减少梭菌对纤维素等难降解成分的利用，刺激乳酸菌的发酵，使其快速产酸降低 pH 值，从而降低氨态氮和丁酸的含量，同时可以提高动物对饲料的消化率。

4. 吸附剂

在青贮发酵过程中，由于一些不利因素使青贮不能正常发酵，例如，青贮原料含水量太高容易导致青贮发酵失败，且溢出的液体会带走青贮发酵的营养成分，也易导致附近水体的污染。当全株玉米青贮时恰逢阴雨天气，会导致原料含水量偏高，这时可采用将某种低水分碳水化合物原料与青贮原料混合的方式吸附多余的水分，来降低物料的水分含量。碳水化合物类原料可作为吸附剂，在增加青贮物料干物质含量的同时，还可以减少汁液的溢出。适宜做青贮吸附剂的原料种类很多，主要是富含易发酵碳水化合物的饲料，如谷物秸秆、甜菜渣、麸皮及谷物等。

第四节 青贮制作

一、一般全株青贮玉米的制作流程（图 3-4-1）

（一）清理青贮设施

在选择青贮场地时，应选在地势高燥，排水容易，地下水位低，取用方便的地方。而后，根据当地的现有条件及适宜程度，选择合适的青贮设施，将其中的杂物铲除，清扫干净、拍打平整后才可以使用（图 3-4-2）。在进入装有陈旧原料尚未清理的青贮设施时

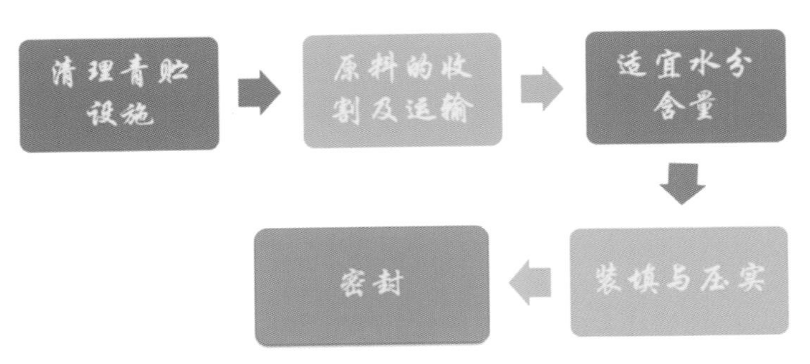

图 3-4-1　一般全株青贮玉米的主要制作流程

图 3-4-2　清扫青贮窖

图 3-4-3　风扇吹出有害气体

候，如果有闷气或不适感，则要立即走出，用吹风机或扇车将青贮设施内的有害气体排出（图 3-4-3）。

（二）原料的收割及运输

随着籽粒灌浆和成熟度的提高，全株鲜产量及蛋白质含量有所下降，但乳熟后期至蜡熟前期（即 1/3 乳线至 3/4 乳线）全株具有较高的干物质和蛋白质总量，水分含量在 65%~70% 左右，是制作青贮的最佳时期（图 3-4-4、图 3-4-5 和图 3-4-6）。

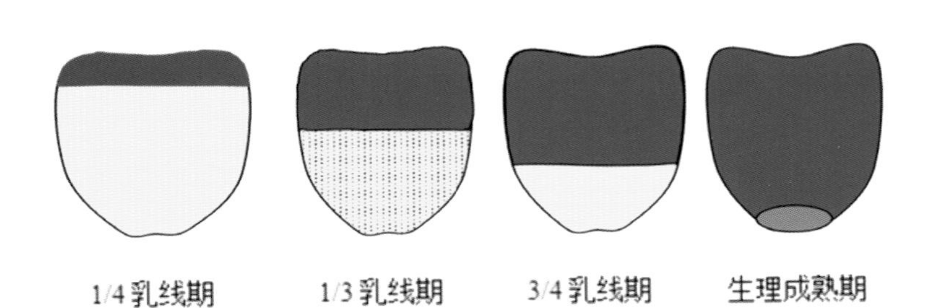

图 3-4-4　玉米籽粒的成熟度

图 3-4-5 过早刈割尚未达到成熟度的玉米

图 3-4-6 玉米籽粒的适宜成熟度

确定合适的青贮原料后，根据牧场规模选择适宜的收割机械及切短器械，详见本章第二节。全株玉米青贮切割长度一般为 0.95~1.9cm 为宜。切割长度越短，干物质含量越高，宾州筛上层比例越小（表 3-4-1）。

表 3-4-1 玉米青贮切割及籽粒破碎推荐标准

干物质含量（%）	切割长度（mm）	籽粒破碎（mm）	分级筛上层比例（%）
＜27	17	N	17
28~31	11	2	15
32~35	9	1	10
＞36	5	1	8

全株玉米青贮收获合理的留茬多控制在 15~20cm（图 3-4-7）。留茬过低会混入泥土，易造成腐败，纤维含量过高，牛羊采食量降低。留茬过高则青贮产量降低，影响经济效益（图 3-4-8）。

图 3-4-7 全株玉米青贮适宜留茬高度

图 3-4-8 留茬高度过高

（三）适宜水分含量

青贮原料的含水量是决定青贮成败的重要因素之一，一般青贮饲料的适宜含水范围在60%~70%，因为良好的水分含量可以减少干物质损失，并为乳酸菌发酵提供良好的环境。

通常，比较粗略的测定水分含量可以采用以下方法：在手里攥握1分钟，松开后能流出水汁，则含水量大于75%；若原料呈团状但无水分流出，则含水量为70%~75%；青贮原料仍比较有弹性且慢慢散开，则含水量为60%~70%，是制作良好青贮的适宜含水量；若料团立即散开，则含水量为60%以下；若茎秆已经开始折断，则含水量低于55%（表3-4-2、图3-4-9、图3-4-10）。

表3-4-2 评价青贮水分含量的标准

青贮被“抓握”后的状态	估计水分含量
松手后呈球状，手上黏有很多汁液	75%以上
松手后呈球状，手上汁液很少	70%~75%
松手后青贮球也慢慢散开，手上不留有汁液	60~70%
松手后，青贮球迅速散开	60%以下

图3-4-9 含水量过高的青贮

图3-4-10 含水量适宜的青贮

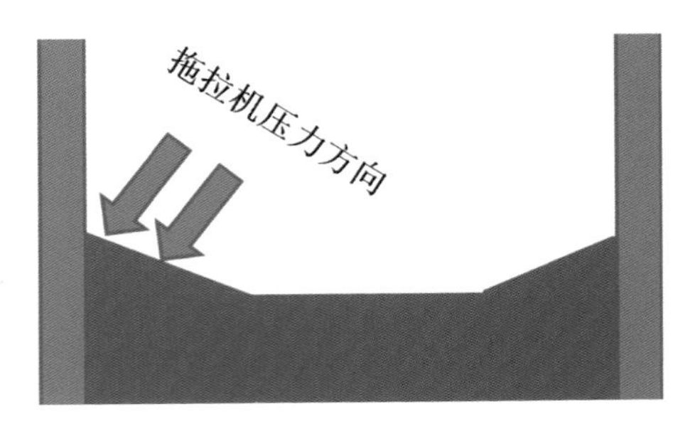

图3-4-11 压实青贮方向

（四）装填与压实

切短的原料应立即装填入窖，在装填的同时要进行踩实或机械压实，进而减少窖内存留空气，无论是机械还是人工压实，都要注意四周及四个角落处不易被压到的地方（图3-4-11）。压实的密度越高，青贮中霉菌含量越少，有氧稳定性越好，青贮发酵品质越优（表 3–4–3）。青贮中干物质压窖密度越大，干物质含量越高。在判断青贮的压实密度，可依据每立方米青贮内的空气不超过 1.2 L 为原则。

装填及压实的过程应尽量缩短时间，表 3–4–4 列出不同规模的青贮窖的推荐装填时间。一般小型青贮窖建议一天之内装填完成，中型青贮窖建议 2~3 天完成装填，大型青贮窖装填过程不要超过 4 天。

表 3–4–3 青贮玉米原料的压实密度（以干物质计）

	松散（195kg/m³）	紧实（225kg/m³）
乳酸（% 干物质）	4.64	4.41
乙酸（% 干物质）	1.69	1.60
酵母 log cfu/g	3.92	4.05
霉菌 log cfu/g	3.97	3.73
有氧稳定性（小时）	27.5	31.0

引自 Adesogan（2006）. How to Optimize Corn Silage Quality in Florida.

表 3–4–4 不同规模的青贮窖完成装填的推荐时间

青贮窖规模	装填完成时间
小型青贮窖	1 天内
中型青贮窖	2~3 天
大型青贮窖	3~4 天

引自：陈自胜，陈世粮，《粗饲料调制技术》

（五）密封

装填完成后的 3~4 天，如果不能阻断外部空气进入青贮容器，将发生丁酸发酵。在这种情况下，由于好气性细菌的大量增殖，乳酸菌活动会受到抑制，pH 值不能降低；然后进入厌氧条件后，丁酸菌就会增殖，产生劣质青贮饲料。表 3–4–5 显示早期密封及延迟密封对青贮品质的影响。延迟密封会降低青贮中发酵底物（WSC）的含量，可见尽早密封后，青贮品质更优。

表 3–4–5 密封时间对玉米青贮饲料品质的影响

	玉米青贮		
密封条件	及时密封	延迟密封 24h	延迟密封 48h
干物质（g/kg）	335.0	380.0	395.0
pH 值	3.8	4.6	4.9
水溶性碳水化合物 (g/kg)	16.8	11.4	1.4

Arbabi et al.（2009）

基于此，在装填后应迅速进行密封，具体方法可以概括为：在装满青贮窖后，青贮窖周边原料与窖边持平，中间略高，约高出窖墙顶20cm即可，整体呈拱形，覆上一层塑料膜，薄膜要延伸到墙底，之后在塑料膜上压上厚泥土或轮胎，要做到不漏气、不透水（图3-4-12）。

（a）

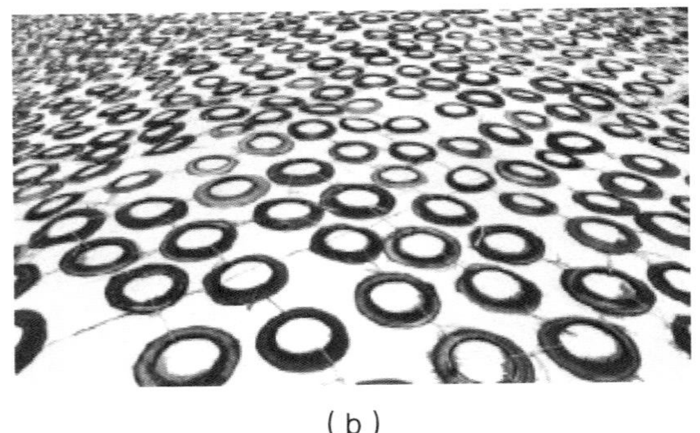

（b）

图3-4-12 密封后的青贮窖

二、地面式堆贮

图3-4-13 地面式堆贮制作流程

堆贮应选择地势较高而平坦的地面，塑料薄膜应选0.2mm厚的聚乙烯薄膜。地面堆贮不受场地限制，操作效率较高，但要求相应配备较完成的配套设施，机械化要求较为严格，且在贮存的过程中要严防不利的外界因素干扰（图3-4-13）。

第一步收割，第二步切碎，第三步堆码成垛，在地面铺上塑料薄膜，塑料薄膜大小足够包裹堆起的青贮堆。将铡好的原料堆在塑料薄膜上。每堆30cm厚度，用拖拉机开上去压实，压平（图3-4-14，图3-4-15）。

图3-4-14 堆贮

图3-4-15 压实压平

第四步密封，即用塑料薄膜将物料包裹严实，不留缝隙，然后在塑料薄膜上面压一些重物（如废轮胎），避免塑料薄膜被风吹走（图 3-4-16，图 3-4-17）。

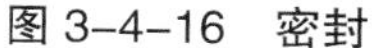

图 3-4-16　密封

3-4-17　密封后青贮堆

三、袋式灌装青贮

袋式灌装青贮，又称香肠青贮，见图 3-4-18，是将切短后的玉米原料直接压缩至特制的塑料袋中制作的青贮。制作袋式灌装全株玉米青贮可降低青贮二次发酵的可能性，并且操作简便，可机械化生产。此外，相较于常规的窖式青贮，袋式灌装青贮可完全保留青贮内乳酸，且可避免在取用过程中暴露于空气中青贮的损失。然而，袋式灌装青贮在运输及贮存过程中，易受到鼠害、鸟啄等外界条件影响造成袋子破损，影响青贮品质，且对青贮原料质量要求较高，收割过晚的玉米木质化程度较高，易刺破包装袋。

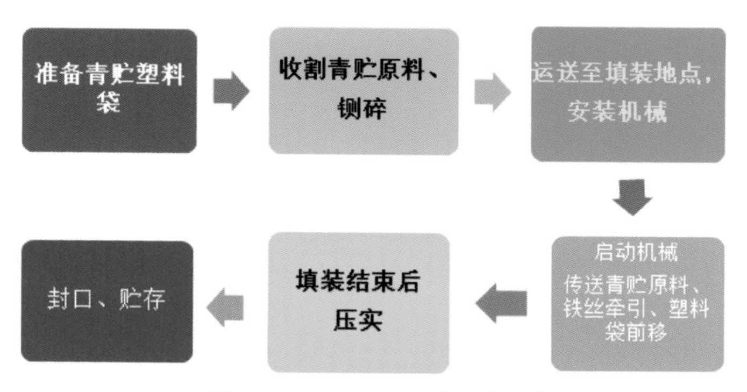

图 3-4-18　香肠青贮制作流程图

第一步：购买筒式无毒塑料袋（内黑外白较优），安装好牵引机械和固定装置（图3-4-19）。

第二步：取新鲜原料，去掉泥沙，杂质及霉烂枝叶，原料含水量控制在 60%~75%，水分过高的应进行预干燥，把原料切成 1~2cm 长的碎段，用装料车运到青贮袋一侧，开启传送履带，开始填装（图 3-4-20）。

图 3-4-19　安装牵引绳及固定装置

图 3-4-20　塑料袋被牵引前进，包裹住已填装的青贮

图 3-4-21　制作好的香肠青贮

第三步：填装完毕，将塑料袋口封住（钢丝绳或热塑封口），再用沙土堆住封口（图 3-4-21）。

注意事项：

① 青贮袋装满之后约半小时袋内出现水蒸气，这是正常现象，不必放气，贮藏过程中袋底有时出现汁液，可不必刺破袋子放水。

② 青贮袋放在宽敞、干燥、无阳光直射和雨淋之处，不要随意搬动以免损坏，发现袋子破裂应立即黏贴，利用时随喂随取，取料后及时扎紧袋口，以防二次发酵。贮存中应经常检查，严防鼠害。

第五节　注意事项

青贮作业需要多机种配套完成。对于有条件的大规模养殖场，可独立制作青贮并使用，但要求有较高的初始投资和经营管理水平。对于养殖小区或散养户，只能采用社会化加工服务方式普及。

窖贮加工要求养殖户投资数万元建造青贮窖，受养殖规模和投资能力的制约，众多农户和小型养殖场难于建窖，窖贮加工服务推广难度大。而袋贮加工服务对服务对象的要求低，对贮量变化的适应能力强，可为养殖小场和散户加工服务。

制作青贮的关键点在于，要使乳酸菌快速生长繁殖，必须为其创造良好的条件：原料应适时收割、保持适当水分、保证厌氧环境、控制适宜温度（图 3-5-1）。

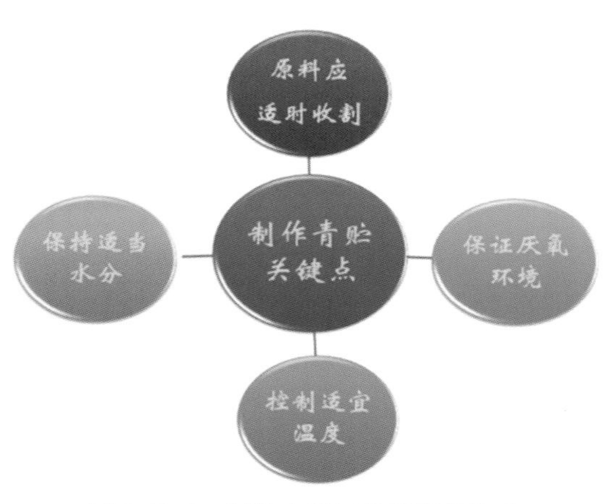

图 3-5-1　制作全株玉米青贮关键点

一、原料应适时收割

青贮原料要适时收割，以保证玉米青贮原料有一定的含糖量，适当含糖量的原料青贮品质更好，详细收割时期参见本章第四节。

二、保持适当水分

玉米青贮原料应保持适当水分，评定标准参见本章第四节，当青贮原料含水量较低时，可将较干的原料与新鲜多汁的植物进行交替填装，制作混合青贮；也可以在粉碎后用喷雾器均匀喷洒水分，将原料水分提高到适宜青贮的含量（图 3-5-2）。当青贮原料含水量较高时，可采用晾晒原料、混合青贮、在青贮底物铺垫一定厚度的干草等可以吸收水分的原料等措施。

图 3-5-2　喷水以提高青贮原料水分

三、保证厌氧环境

青贮饲料的发酵要在厌氧环境下进行，主要是因为乳酸菌是厌氧菌，而乳酸决定着青贮的质量及饲料的适口性，在青贮发酵过程中必须关注乳酸菌生成的情况，如图 3-5-3。

乳酸菌在 pH 值为 4 时仍繁衍生息，并且它对温度的耐受性很强。而其他厌氧菌则随着 pH 值的降低逐渐受到抑制，且梭菌和杆菌需要较温暖的环境。真菌是需氧菌，其对 pH 值及温度的耐受性很高。如果原料中残存过多的空气，则会形成不良发酵，腐败菌及霉菌滋生，进而对青贮品质造成影响。

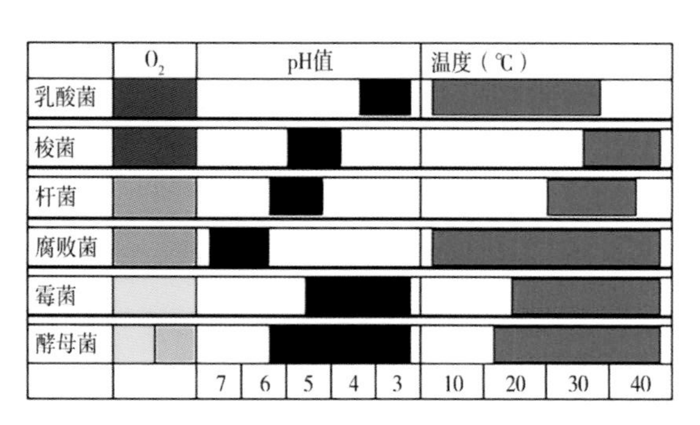

图 3-5-3　微生物对环境的要求

保证厌氧环境，一方面要对饲料进行适时切短，另一方面在装填时要保证及时压紧。此外，要保证青贮原料不要混入泥土、杂物等，以免影响青贮品质（图 3-5-4）。

（a）

（b）

图 3-5-4　良好密封保证厌氧

四、控制适宜温度

青贮原料装入窖中后，玉米植株仍在呼吸，碳水化合物经氧化分解为水和二氧化碳的过程中会释放大量的热量，因此，青贮的适宜温度为 25~30℃，过高或过低的温度都不利于乳酸菌的生长繁殖，会影响青贮的品质。

五、其　他

在生产中，当青贮加工处理不当，易出现青贮发霉现象。造成发霉的原因可能是收割时间过早引起水分含量过高，霉菌大量繁殖；或密封处理不当，不能充分保证厌氧环境，造成霉菌滋生等。

第四章　青贮品质评定

品质评定是对青贮饲料收贮全过程质量优劣的监督，是提高青贮饲料利用效率的重要途径和方法（玉柱和刘长春，2012）。青贮品质评定一般分为感官评定和理化评定。感官评定在青贮饲料现场即可进行，生产实践中比较常用，但这种方法只能表观评定青贮饲料发酵的优劣；对于量化评定青贮饲料的品质以及提高青贮饲料的利用效率，必须借助于理化评定。理化评定一般需要在实验室进行，随着对青贮饲料研究的深入，理化评定也从传统的干物质、pH 值、有机酸总量和构成比例等评定指标，扩展到淀粉和纤维含量等指标。青贮饲料品质评定一般在开窖后立即进行。

第一节　感官评定

感官评定，主要是指在青贮设施现场，用感官考察青贮料的气味、颜色和质地等来评判玉米饲料品质的好坏。这种方法直接、快速，生产实践中常用。现场评定主要从色泽、酸度、气味、质地、结构 5 个方面评定，评定标准分为上、中、下三等（表 4-1-1）。

表 4-1-1　玉米青贮质量鉴定等级指标

等级	色泽	酸度	气味	质地	结构
上等	黄绿色 绿色	酸味 较多	芳香味	柔软稍湿润	茎叶易分离
中等	黄褐色 黑绿色	酸味 中等或较少	芳香稍有 酒精味或 醋酸味	柔软稍干或 水分稍多	茎叶分离 困难
下等	黑色 褐色	酸味 很少	臭味	干燥或 黏结块	茎叶黏结一 起并有污染

资料来源：王加启，王林枫．青贮专用玉米高产栽培与青贮技术．北京：金盾出版社．2005

要现场鉴定青贮玉米的品质，必须采取正确的采样方法，才能使样品的茎叶比例、发酵水平、水分含量等在结构和质地等方面都具有代表性。取样时，先将取样部位表面约 30cm 的饲料除去，然后用锐利的刀切取 20cm 左右见方的青贮饲料样品，切忌随意掏取，采后马上把料填好，以免空气进入导致腐败。最好的办法是在调制过程中，将拌匀的具有代表性的原料装入若干只尼龙网袋或小布袋中，按原先设计的取样部位，在填装原料时将

样品袋放置于青贮料中。取样时，只需将样品袋刨出即可。

1. 色泽

优质的青贮玉米饲料非常接近于作物原来的颜色。若青贮前作物为绿色，青贮后仍为绿色或黄绿色为最佳。优良的全株玉米青贮料呈黄绿色或青绿色；中等玉米青贮饲料呈黄褐色或暗棕色；品质差的青贮料为暗色、褐色、黑色或黑绿色。

2. 气味

品质优良的青贮玉米料通常具有轻微的酸味和水果香味，这是由于存在乳酸所致。若有腐臭味或令人作呕的气味，说明产生了丁酸。霉味则说明压得不实，空气进入引起霉变。出现类似猪粪尿的气味，则说明蛋白质已大量分解。

3. 结构

优良的青贮饲料质地紧密、湿润，植物的茎叶应当能清晰辨认，保持原来形状。如结构破坏及质地松散，并呈黏滑状态，是玉米青贮料严重腐败的标志。全株玉米青贮饲料中的玉米籽粒应大部分破碎，未见完整籽粒。

4. 味道

优良的青贮饲料味微甘甜，有酸味；有异味者则为品质低劣。

第二节　理化评定

青贮的理化评定需要在实验室进行，以化学分析为主，测定指标包括干物质、pH 值、淀粉、纤维、粗蛋白、有机酸（乙酸、丙酸、丁酸、乳酸）的总量和构成比例等，以判断发酵情况。评估蛋白质破坏程度还需测定游离氨（氨态氮与总氮的比值）。实验室评定尽管是很准确的方法，但在生产实践中，普通养殖户因条件所限，测定指标往往不全面。在生产实践中，建议至少测定青贮饲料中的干物质含量和 pH 值，因为干物质含量关系到日粮的精确配比、玉米籽粒淀粉含量以及全混合日粮中水的适宜添加量，而 pH 值则反映青贮饲料是否发酵良好和稳定的指标。

一、代表性青贮饲料样品的采集

代表性样品的采集对青贮饲料品质评定具有决定性的作用，适用于测定全部理化指标。玉米青贮饲料一般采用九点法采集。首先排除青贮料堆（壕）表层 450cm 的料层，然后将青贮料上下左右边层 50cm 排除，以规则的 9 点取样法取样，取样量不少于 2kg，然后四分法获得代表性样品 500~1 000g（见图 4-2-1，玉柱和刘长春，2012；曹志军和杨军香，2014）。

图 4-2-1　青贮取样点

二、干物质

干物质是衡量青贮饲料品质的最主要指标，直接关系到青贮饲料中有效成分的含量，能够反映青贮饲料是否有养分损失，以及是否在最适宜的时间收割和青贮等。青贮饲料干物质测定方法包括甲苯蒸馏法、直接干燥法和微波炉测定法等。本文重点介绍直接干燥法和微波炉测定法。直接干燥法适用于实验室测定，微波炉测定法适用于牧场或是缺少直接干燥法测定设备的农户或养殖企业使用。

（一）测定方法

全株玉米青贮饲料是由干物质和水分组成。水分主要以游离水形式存在，有少量结合水和结晶水，结晶水一般很难除去。除去大部分游离水的饲料样本称为风干样本，除去全部游离水的饲料样本称为绝干物质样本（王加启和于建国，2004a，王加启和于建国，2004b）。干物质的测定方法分为直接干燥法和微波炉测定法，详见附录 A。

（二）判定标准

如表 4-2-1 所示，全株玉米青贮原料干物质含量达到 35% 以上时，质量等级为一级；干物质含量在 28%~32%，为二级全株玉米青贮饲料；干物质含量低于 28% 时，为三级全株玉米青贮饲料。

表 4-2-1　青贮饲料中干物质判定标准

干物质，100%	等级
>35%	一级
28%~32%	二级
<28%	三级

资料来源：泰安澳亚现代牧场有限公司青贮饲料干物质收购标准

三、pH 值

pH 值能够反映青贮饲料发酵的整体效果，是青贮饲料品质评定中最常见的测定指标，具体判定标准见表 4-2-2。低 pH 值反映青贮发酵效果好，高 pH 值可能由 2 个主要原因造成：① 原料干物质含量高于 35%。② 发酵不完全，如饲料原料碳水化合物含量太低、青贮时环境温度低、密封不严以及暴露于氧气环境下等。pH 值的测定方法主要有酸度计测定法和 pH 值试纸比色测定法。酸度计测定法测定结果较准确，但要求有仪器设备，而 pH 值试纸法操作简单，成本低，但测定结果有一定偏差。

（一）测定方法

将采集的代表性样品用四分法缩减至约 20g，酌情剪短至 5~10mm，置于组织捣碎机中，加入蒸馏水 180mL，捣碎、均质 1 分钟，浆液用 4 层医用纱布包裹充分挤压，然后用滤纸过滤，滤液供酸度计或 pH 值试纸测定（玉柱和刘长春，2012；刘建新等，1999）。

（二）判定标准

表 4-2-2　全株玉米青贮 pH 值判定标准

项目	pH 值
总配分	25
优等	3.4（25）3.5（23）
	3.6（21）3.7（20）
	3.8（18）
良好	3.9（17）4.0（14）
	4.1（10）
一般	4.2（8）4.3（7）
	4.4（5）4.5（4）
	4.6（3）4.7（1）
劣等	4.8 以上
	（0）

资料来源：刘建新等 . 青贮饲料的合理调制与质量评定标准（续）. 1999

四、氨态氮

氨态氮含量反映青贮饲料中蛋白质及氨基酸分解的程度，常用氨态氮与总氮的比值表示，比值越大，说明青贮饲料中蛋白质分解越多，青贮品质越差（玉柱和刘长春，2012）。发酵良好的青贮饲料，氨态氮与总氮的比值应在 5%~7%。生产实践中很难达到这个水平，一般在 10%~15%。氨态氮与总氮含量主要是采用凯式法测定。

（一）测定方法

取均匀采集的青贮饲料样品 Ag（约相当于 15g 干物质的量），放入 200mL 广口三角瓶中，加塞；加入灭菌蒸馏水 BmL（一般 140mL）后，冰箱内浸取 24 小时，期间摇晃三角瓶至少 4 次以上，以保证浸取完全。取出三角瓶，将提取物用 80 目涤纶筛网过滤，并将残渣中的提取液挤尽，将滤液部分作为分析用提取液。

上述方法制得的提取液 1mL，相当于青贮饲料 $[(A/(B+A)\times M/100)]$g，其中 M 为样本干物质含量。不能立即分析的试样，应置于 −20℃冰箱中保存。

总氮含量的测定，参考本书附录 E。

氨态氮的测定，取制得的提取液 5mL，不经硫酸消化，直接进行蒸馏、定量。参考本书附录 E。

（二）判定标准

具体判定标准见表 4-2-3。

表 4-2-3　用氨态氮评分法评定青贮质量标准

氨态氮 / 总氮（%）	得点	氨态氮 / 总氮（%）	得点
< 5.0	50	15.1~16.0	22
5.1~6.0	48	16.1~17.0	19
6.1~7.0	46	17.1~18.0	16
7.1~8.0	44	18.1~19.0	13
8.1~9.0	42	19.1~20.0	10
9.1~10.0	40	20.1~22.0	8
10.1~11.0	37	22.1~26.0	5
11.1~12.0	34	26.1~30.0	2
12.1~13.0	31	30.1~35.0	0
13.1~14.0	28	35.1~40	-5
14.1~15.0	25	> 40.1	-10

资料来源：刘建新等 . 青贮饲料的合理调制与质量评定标准（续）. 1999

五、有机酸含量

有机酸含量及其构成，反映青贮发酵过程及青贮品质的优劣，与青贮原料的干物质含量密切相关（玉柱和刘长春，2012）。生产上经常测定的有机酸包括乳酸、乙酸、丙酸和丁酸等。发酵良好的青贮饲料中，乳酸含量应当占到总酸量的 60% 以上，并占青贮干物质的 3%~8%；乙酸含量占干物质的 1%~4%；丙酸含量 1.5%；丁酸水平应接近于 0%。乳酸与乙酸的比例应高于 2∶1。

（一）测定方法

具体测定方法见附录 B。

（二）判定标准

具体判定标准见表 4-2-4。

表 4-2-4　青贮饲料中有机酸含量判定标准

占总酸比例（%）	得点（评分）乳酸	乙酸	丁酸	占总酸比例（%）	得点（评分）乳酸	乙酸	丁酸
0.0~0.1	0	25	50	28.1~30.0	5	20	10
0.2~0.5	0	25	48	30.1~32.0	6	19	9
0.6~1.0	0	25	45	32.1~34.0	7	18	8
1.1~1.6	0	25	43	34.1~36.0	8	17	7
1.7~2.0	0	25	40	36.1~38.0	9	16	6
2.1~3.0	0	25	38	38.1~40.0	10	15	5
3.1~4.0	0	25	37	40.1~42.0	11	14	4
4.1~5.0	0	25	35	42.1~44.0	12	13	3
5.1~6.0	0	25	34	44.1~46.0	13	12	2
6.1~7.0	0	25	33	46.1~48.0	14	11	1
7.1~8.0	0	25	32	48.1~50.0	15	10	0
8.1~9.0	0	25	31	50.1~52.0	16	9	−1
9.1~10.0	0	25	30	52.1~54.0	17	8	−2
10.1~12.0	0	25	28	54.1~56.0	18	7	−3
12.1~14.0	0	25	26	56.1~58.0	19	6	−4
14.1~16.0	0	25	24	58.1~60.0	20	5	−5
16.1~18.0	0	25	22	60.1~62.0	21	0	−10
18.1~20.0	0	25	20	62.1~64.0	22	0	−10
20.1~22.0	1	24	18	64.1~66.0	23	0	−10
22.1~24.0	2	23	16	66.1~68.0	24	0	−10
24.1~26.0	3	22	14	68.1~70.0	25	0	−10
26.1~28.0	4	21	12	>70.0	25	0	−10

资料来源：刘建新等．青贮饲料的合理调制与质量评定标准（续）．1999.

六、综合评分

将 pH 值评分、氨态氮评分和有机酸评分相结合，规定各占 25%、25% 和 50%。具体方法是，将有机酸得点数除以 2，可得到有机酸的相对得点；再将有机酸相对得点与 pH 值得点和氨态氮得点相加，即可获得综合得分（刘建新等，1999）。

综合得分包含了青贮饲料中蛋白质和碳水化合物两方面的信息，其得点数与青贮饲料质量的关系见表 4-2-5。

表 4-2-5 青贮饲料综合得分表

综合得分	100~75	75~51	50~26	25 以下
质量等级	优等	良好	一般	劣质

资料来源：刘建新等. 青贮饲料的合理调制与质量评定标准（续）. 1999

七、纤维（中性洗涤纤维、酸性洗涤纤维、木质素）

青贮饲料中的纤维包括半纤维素、纤维素、木质素，其中，半纤维素可部分被反刍动物消化利用，纤维素较难被消化利用，而木质素不能被消化利用。

（一）测定方法

1967 年美国著名科学家 Van Soest 提出了洗涤纤维的概念，即通过中性洗涤剂和酸性洗涤剂将纤维分为中性洗涤纤维（NDF）（含有半纤维素、纤维素、木质素以及少量硅酸盐）、酸性洗涤纤维（ADF）（含有纤维素、木质素以及少量硅酸盐）、木质素（ADL）和少量硅酸盐（王加启和于建国，2004a, 2004b）。NDF、ADF、ADL 的测定方法见附录 C。

（二）判定标准

良好的全株青贮玉米中中性洗涤纤维含量应为 36%~50%（DM 基础），酸性洗涤纤维含量约为 18%~26%（DM 基础）。品质较好的青贮玉米中含有的中性洗涤纤维、酸性洗涤纤维应分别小于 45%、20%（王晓娜，2009；闫贵龙等，2011）。

八、淀粉

淀粉在瘤胃中被微生物发酵产生挥发性脂肪酸（VFA），并为微生物提供能量，而吸收后的 VFA 进入中间代谢，未被瘤胃发酵的淀粉则进入小肠被消化为葡萄糖吸收，而肠道后部的淀粉会被肠道微生物发酵产生少量 VFA。该复杂的消化代谢互作过程能明显影响生产性能，饲料中淀粉含量的测定对于研究反刍动物对碳水化合物营养代谢与调节具有重要意义。

（一）测定方法

测定作物中淀粉含量的方法有国标法（GB/T5009.9-2008，包括酸水解法和酶水解法）、还原糖法、比色法和旋光法等。本书以国标法 - 酶水解法为例介绍。试样经去除脂肪及可溶性糖类后，淀粉用淀粉酶水解成小分子糖，再用盐酸水解成单糖，最后按还原糖测定，并折算成淀粉含量。具体测定方法见附录 D。

（二）判定标准

收贮良好的全株玉米青贮中淀粉含量约为 30%。由于全株青贮玉米中淀粉含量与植株上的玉米籽粒成熟度密切相关，因此也与青贮原料的干物质含量显著相关。

九、粗蛋白

粗蛋白是青贮饲料的重要指标，粗蛋白含量越高，青贮饲料质量越好（玉柱和刘长春，2012）。

（一）测定方法

青贮饲料中的蛋白质和氨态氮经过浓硫酸的消化作用转变成氨气，并被浓硫酸吸收变为硫酸铵，在浓碱的作用下进行蒸馏，释放出氨气，氨气与硼酸结合成硼酸铵，经过盐酸滴定，便可计算出青贮饲料中的粗蛋白质含量。具体测定方法见附录 E。

（二）判定标准

具体判定标准见表 4-2-6。

表 4-2-6　青贮饲料中粗蛋白含量判定标准

粗蛋白（%）≥	带穗青贮玉米等级标准			
	特级	一级	二级	三级
	8.2	7.0	6.2	5.4

资料来源：陕西省地方标准《玉米青贮饲料质量等级》（DB61/T1002-2015）

第三节　微生物评定

一、青贮微生物检测的目的和内容

附着在作物表面的微生物，不管在种类和数量上，都与青贮过程中和发酵完成后微生物存在很大差异。了解附着在青贮饲料的微生物状况，可揭示青贮是否能顺利进行和评价青贮饲料品质的优劣。全株玉米青贮发酵的过程中，每个时期的微生物的种类和数量都会发生变化。通过微生物的数量检测，能在一定程度上推测青贮发酵的强度，便于我们判断青贮发酵的状态。正常青贮发酵过程中，微生物总数大致为发酵前期快速增加，然后保持平稳，后期由于营养物质匮乏、pH 值过低等不良环境导致微生物总数下降。因此，检测青贮过程中各个不同时期青贮饲料表面附着微生物的群体数量、种类及其变化规律等具有重要意义。青贮微生物主要检测乳酸菌、酵母和霉菌、肠杆菌和梭菌等这几大类。

（一）乳酸菌

在自然青贮中，植物表面附着的乳酸菌是青贮发酵中不可缺少的微生物类型，在青贮发酵过程中发挥着重要作用。若青贮原料表面附着的乳酸菌含量过低，则会大大影响青贮效果，使青贮饲料品质变差，这时应考虑使用乳酸菌添加剂。乳酸菌在青贮发酵时，产生的乳酸能快速降低 pH 值抑制杂菌生长；随着 pH 值进一步降低，乳酸菌自身也受到抑制，从而减少饲料营养损失。异型发酵类型的乳酸菌产生的乙酸和丙酸等其他发酵产物，在提高青贮饲料的有氧稳定性上起到很大作用。

（二）酵母和霉菌

酵母菌和霉菌是影响青贮有氧稳定性的重要微生物。当青贮饲料接触空气后微生物大量繁殖，腐败菌、霉菌等繁殖最为强烈，它使青贮料中蛋白质破坏，pH 值快速上升，形成大量吲哚和气体以及少量乙酸，使得青贮饲料在不久后便腐败。同时，一些霉菌的次级代谢产物（如真菌毒素）危害动物健康。

（三）肠杆菌

肠杆菌在降解 NO_3 中起到重要作用，将其转化为亚硝酸盐和一氧化氮，这些物质将抑制梭菌的生长繁殖。虽然肠杆菌对青贮有着积极的影响，但这些物质危害到动物健康。所以，快速抑制肠杆菌的生长对青贮是很有必要的。

（四）梭菌

青贮饲料中若梭菌含量过多，则会造成饲料干物质和营养成分损失过多，适口性大大下降。尤其是梭菌类，在青贮发酵过程中产生丁酸和 NH_3。不仅如此，它的大量繁殖，还会导致乳酸和营养物质（糖和蛋白质）的分解，引起 pH 值升高。

二、检测方法

（一）可培养方式检测

1. 乳酸菌选择性培养

鉴别乳酸菌主要采用 MRS 培养基在 30℃下厌氧培养检测，培养基中的乙酸钠使整个培养基 pH 值降低，会对其他细菌有一定抑制作用，再加上厌氧环境，其他菌群较难生长（Napasirth et al, 2015）。因此，采用 MRS 培养基可以分离出青贮饲料中的乳酸菌（如图 4-3-1）（其可培养活菌计数的具体操作方法见附录 F）。

图 4-3-1 MRS 培养平板上培养的乳酸菌

2. 酵母和霉菌的选择培养

鉴别酵母和霉菌主要采用马铃薯葡萄糖琼脂（PDA）培养检测（Napasirth et al, 2015），马铃薯浸出液有助于各种霉菌的生长，而葡萄糖提供能源，其他菌群很难适应这样营养相对缺乏的培养基，又因酵母和霉菌在形态上有很大差异，所以很容易区分。酵母和霉菌的培养如下图（图 4-3-2，图 4-3-3）所示（其可培养活菌计数的具体操作方法见附录 F）。

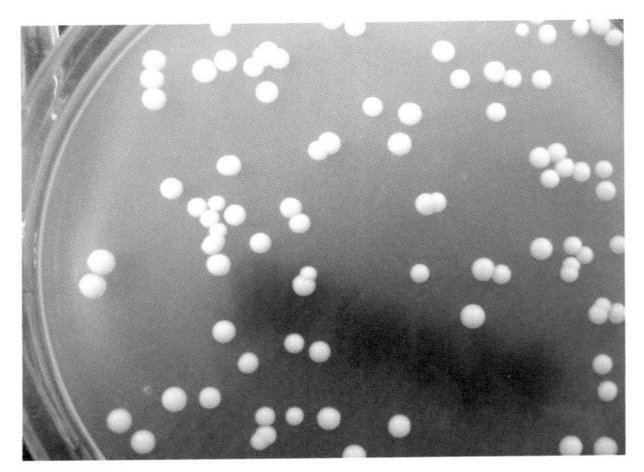
图 4-3-2　PDA 培养平板上培养的酵母

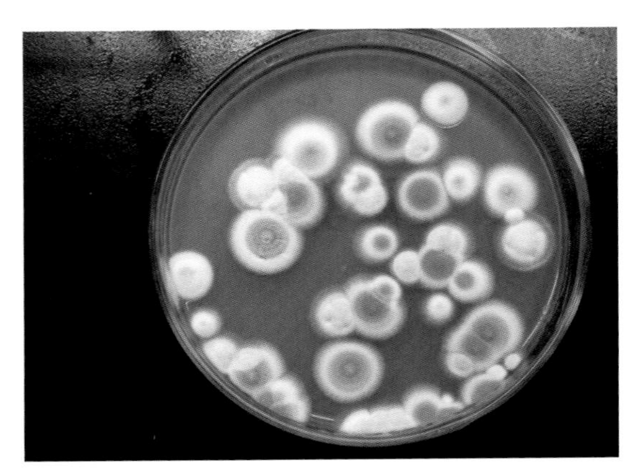
图 4-3-3　PDA 培养平板上培养的霉菌

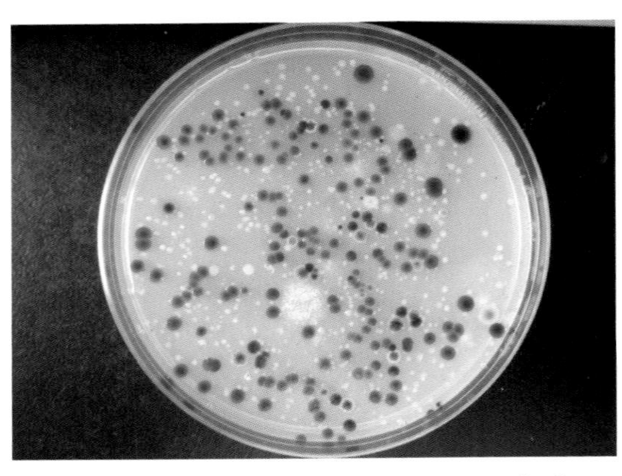
图 4-3-4　BLBA 平板上培养的肠杆菌

3. 肠杆菌的选择培养

肠杆菌的检测主要用蓝光肉汤琼脂（Blue light broth agar；BLBA）培养检测（Napasirth et al, 2015）。肠杆菌分泌的 β-半乳糖苷酶分解 X-GAL（比色酶底物），改变底物的颜色（呈蓝色或蓝绿色）。肠杆菌分泌的 β-醛酸苷酶降解 MUG（显色底物），改变底物颜色（呈蓝色或蓝绿色）。在 35~37℃有氧培养 2 天后，如果存在肠杆菌，则会出现蓝色或蓝绿色的菌落（图 4-3-4）（其可培养活菌计数的具体操作方法见附录 F）。

4. 梭菌的选择培养

检测梭菌所用的培养基为强化梭菌鉴别琼脂（DRCA），培养基中的柠檬酸铁铵和亚硫酸钠是硫化氢指示剂，若存在梭菌，它们产生的硫化氢气体与柠檬酸铁铵和亚硫酸钠反应，产生黑色菌落（图 4-3-5）（其可培养活菌计数的具体操作方法见附录 F）。

（二）非培养方式检测

传统的可培养方式在实验室条件下，可以大致得到各种菌的分类和数量，能反映一定的微生物结果。由于微生物菌群在进行纯培养时，不可避免地会造成菌株的富集或衰减，人为地改变了原始菌群的微生物生态构成，对研究结果有时会造成较大偏差。许多研究结果表明，自然环境中有相当多的微生物（90%~99%）是用纯培养的方法无法培养出来的。同时，纯培养分离方法采用配制简单的营养基质和固定的培养温度，忽略了生物相互作用的影响。这种人工环境与原生境的偏差，使得可培养的种类大大减少，可培养微生物仅占环境微生物总数的0.1%~1%。因此，由于绝大多数微生物无法经培养得到，丢失了大量微生物资源，也使得对微生物多样性的认识较片面。在这种情况下，往往借用非培养的手段评定微生物。

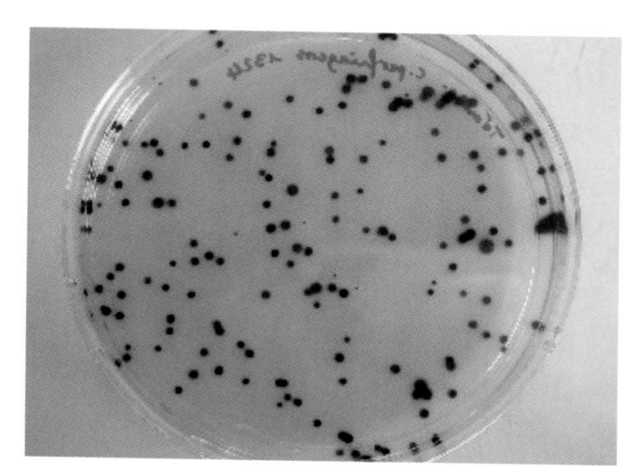

图 4-3-5 DRCA 平板上培养的梭菌

大量研究证明，原核生物 rRNA 中的 16S rDNA 全长约 1540bp，片段长度适中，信息量较大且易于分析。在细菌的 16S rDNA 中有多个区段高度保守，根据这些保守区人们可以设计出细菌的通用引物，用来扩增出所有细菌的 16S rDNA 片段。而细菌的 16S rDNA 也含有可变区的差异，根据这些差异可以用来区分不同的菌。

16S rDNA 序列分析技术是从微生物样本中提取 16S 的基因片段，通过克隆、测序或酶切、探针杂交等获得 16S rRNA 序列信息，再与 16S rRNA 数据库中的序列数据或其他数据进行比对，确定其在进化树中的位置，从而鉴定样本中可能存在的微生物种类。常用的方法有以下几种：

1. 末端限制性片段长度多态性技术（TRFLP）

提取青贮饲料中微生物的总 DNA（Klang et al., 2015），用在 5’ 端用荧光物质标记的引物进行 PCR 扩增，得到的产物用适合（一般选择酶切位点为 4bp）的限制性内切酶进行消化。因为不同种类微生物 16S 序列不同，所以它们的酶切位点也会有差异，消化产物以 DNA 测序仪进行分离检测，通过激光扫描，得到荧光标记端片段的图谱。图谱中条带(或波峰)的多少表明了群落的复杂程度。峰面积的大小代表了该片段的浓度，即相应菌的相对数量（图 4-3-6）。这些末端标记的片段可以反映微生物区系的组成变化。根据末端限制性片段（TRFs）的长度与现有数据库进行比对，直接鉴定群落图谱中的单个菌种（图 4-3-7）。

2. 变性梯度凝胶电泳（DGGE）(May et al., 2015)

提取微生物样品中的总 DNA，以混合的微生物总 DNA 作模板，用同一套 PCR 引物进行扩增。因不同微生物扩增的 16S DNA 片段的不同，在含有化学变性剂尿素（urea）和甲酰胺（Formamide）梯度的聚丙烯酰胺凝胶中泳动时，不同微生物在 DGGE 分析胶上产生不同的迁移距离，从而被分离开来。不同种属的细菌可以在胶图上就可以反映出不同的信息，从而得到菌群的大致分布（图 4-3-8）(具体实验方法及步骤参见附录 G)。

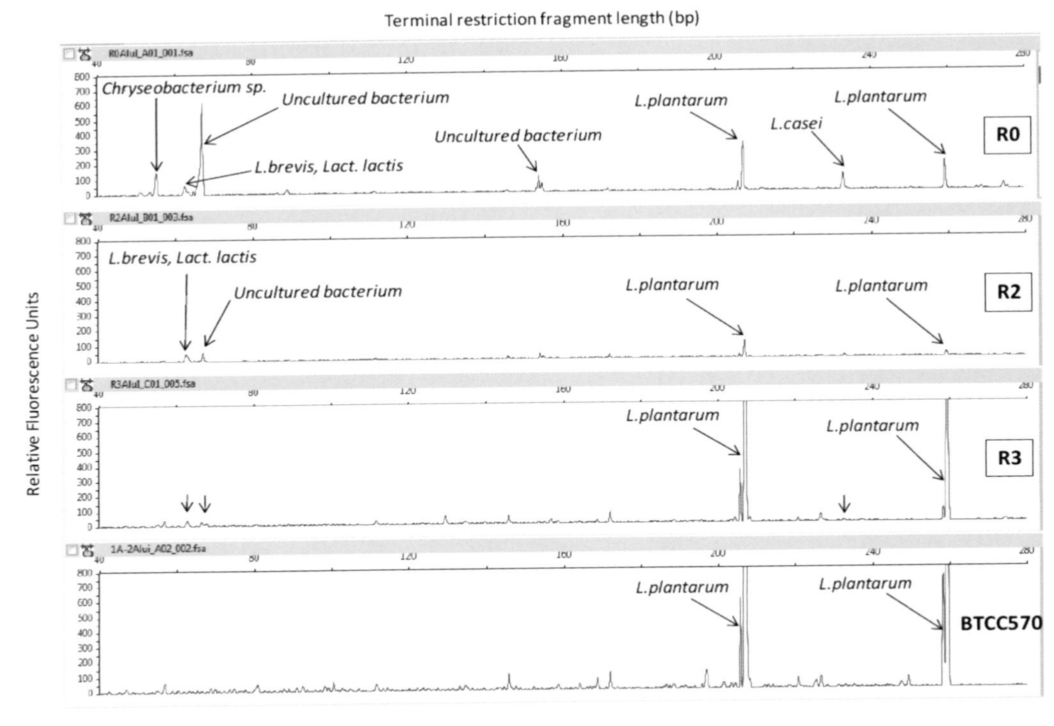

图 4–3–6　TRFLP 图谱（引自 Roni Ridwan et al, 2015）

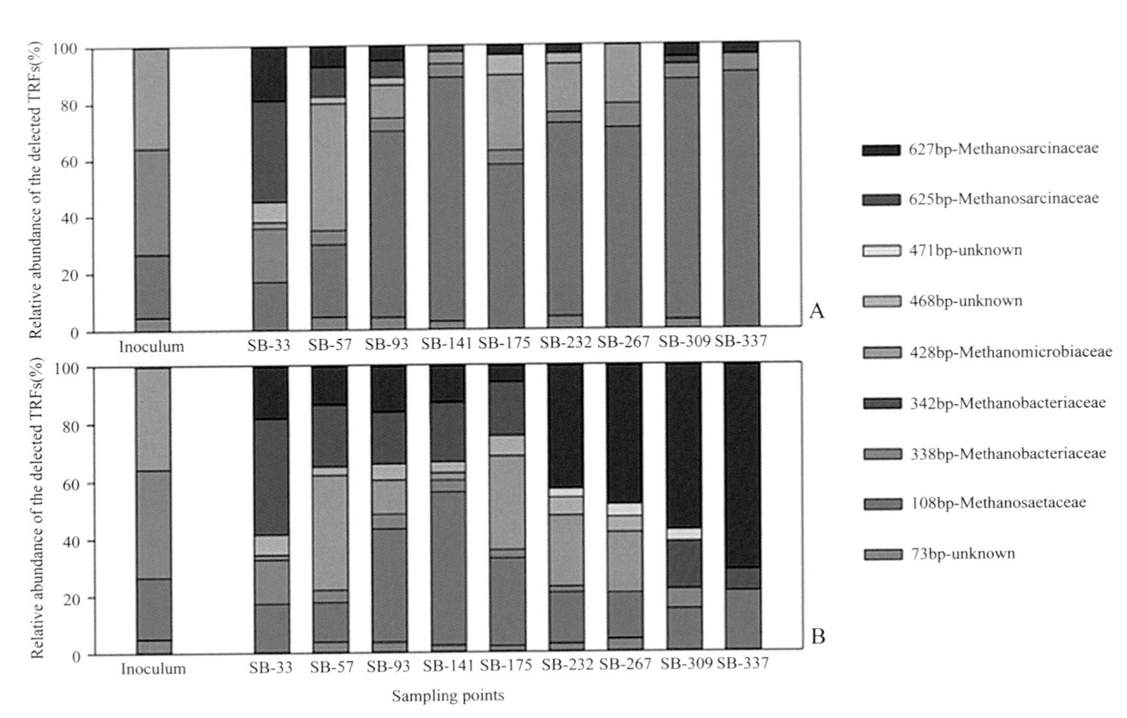

图 4–3–7　TRFLP 数据得到的不同取样点的物种分类图（Klang, et al, 2015）

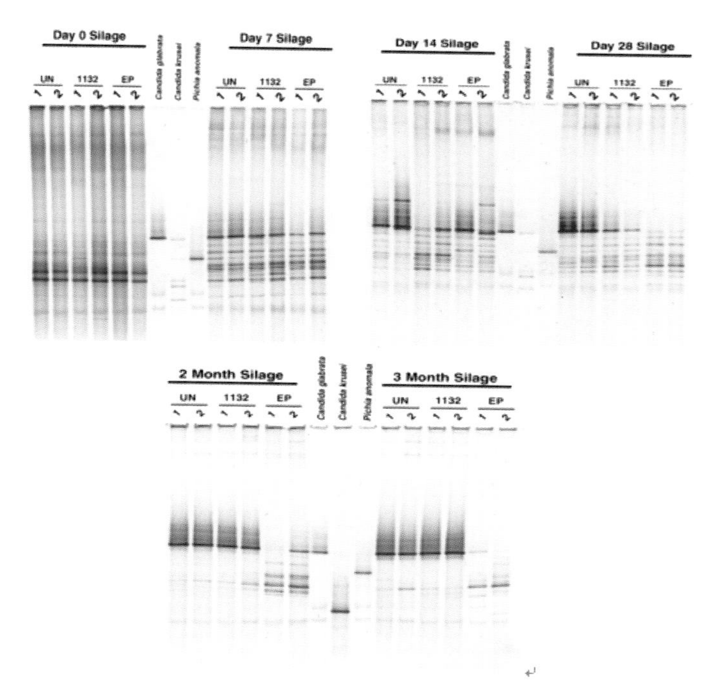

图 4-3-8 不同青贮时间点的 DGGE 分析胶图（Klang et al, 2015）

3. SSCP（single strand conformation polymorphism）（Kampmann et al, 2014）

空间构象有差异的单链 DNA 分子在聚丙烯酰胺凝胶中受排阻大小不同。因此，通过非变性聚丙烯酰胺凝胶电泳 (PAGE)，可以非常敏锐地将构象上有差异的分子分离开。在分析青贮微生物时，首先提取青贮饲料中微生物的总基因组 DNA，其次 PCR 扩增 16S，再将特异的 PCR 扩增产物变性，而后快速复性，使之成为具有一定空间结构的单链 DNA 分子，最后将适量的单链 DNA 进行非变性聚丙烯酰胺凝胶电泳。通过放射性自显影、银染或溴化乙啶显色分析结果（图 4-3-9），进而测序，得到青贮微生物的组成。

由上述传统方法得到的实验结果中往往只含有数十条条带，只能反映出样品中少数优势菌的信息；另外由于分辨率的误差，部分电泳条带中可能包含不止一种 16S rDNA 序列。因此，要获悉电泳图谱中具体的菌种信息，还需对每一条带构建克隆文库，并筛选克隆进行测序，实验操作过程相对繁琐；此外，采用这些方法，也无法对样品中的微生物做到绝对定量，判断微生物的丰度也不是非常准确。随着测序成本的下降，利用高通量测序成为研究环境微生物的最优选方案。

4. 高通量测序

对微生物群落进行高通量测序包括两类，一类是通过 16S rDNA、ITS 区域进行扩增测序（Langer et al, 2015），分析微生物的群体构成和多样性；另外一类是宏基因组测序，是不经过分离培养微生物，而对所有微生物 DNA 进行测序，利用生物信息学手段分析微生物群落的构成（图 4-3-10）。

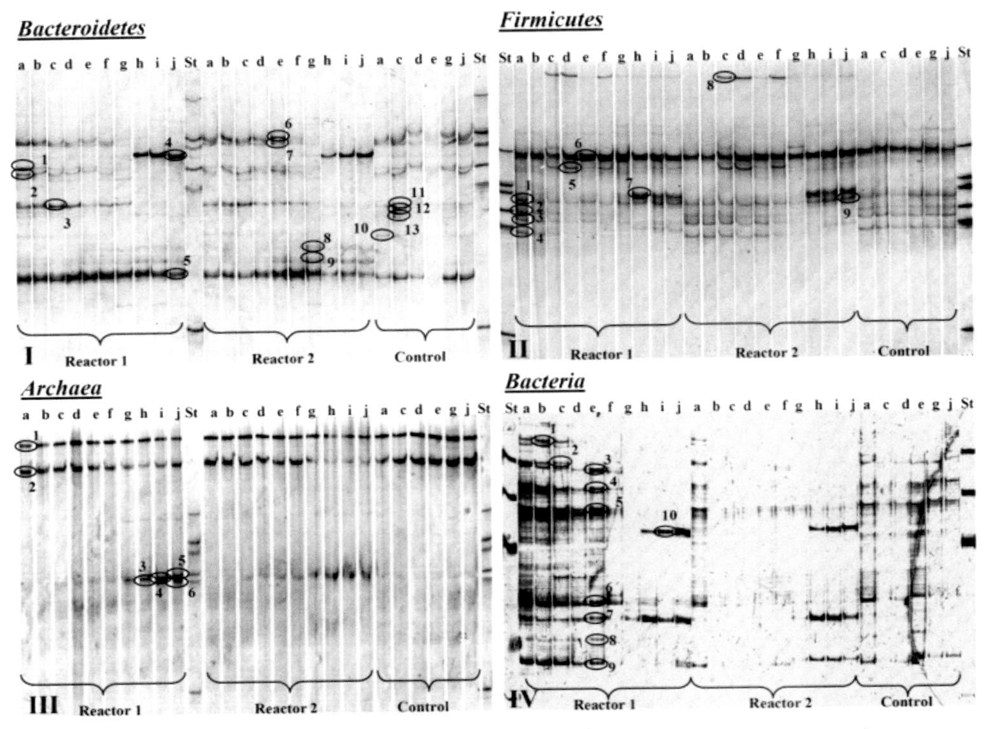

图 4-3-9　利用不同引物扩增的 SSCP 分析胶图（Kampmann et al, 2014）

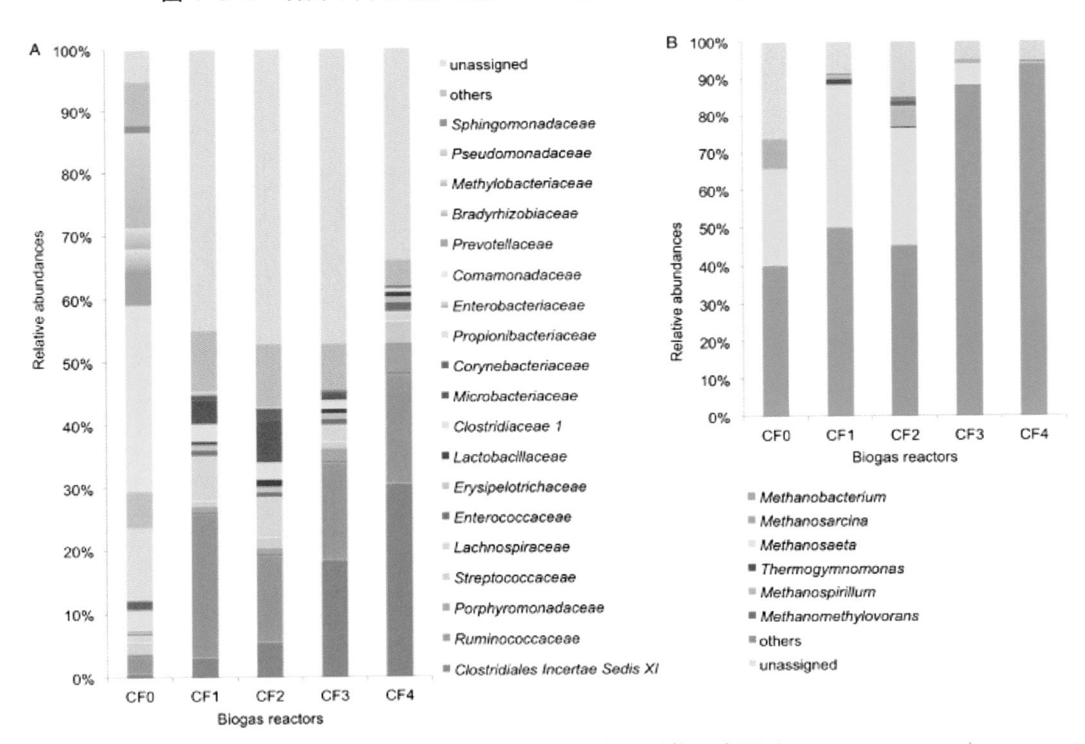

图 4-3-10　不同取样点基于 MiSeq 数据的微生物群落组成图（Langer et al, 2015）

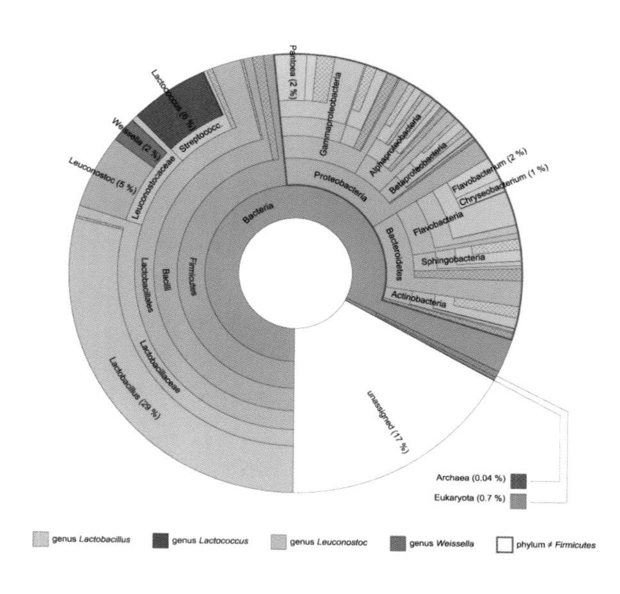

图 4-3-11　基于 MiSeq 数据的微生物分类图（引自 Felix, et al, 2013）

以 16S rDNA 扩增进行测序分析主要用于微生物群落多样性和构成的分析。目前的生物信息学分析也可以基于 16S rDNA（V3-V4）的测序，但对微生物分类在一般情况下只能进行到属的鉴定（图 4-3-11）。

第四节　霉菌毒素安全评价

青贮饲料的安全评价，主要集中在青贮原料本身或青贮过程中产生的有毒有害物质。原料本身携带的主要有毒有害物质是重金属、硝酸盐、亚硝酸盐和氰化物，在收贮过程中可有效控制其含量，本节不作讨论。

青贮过程中产生的有毒有害物质主要是霉菌毒素。由于饲料中霉菌毒素可通过动物代谢到人类可食用的畜禽产品中，并且近年来饲料中霉菌毒素污染事件常有发生。《食品安全国家标准 食品中真菌毒素限量》（GB 2761~2011）规定乳及乳制品中黄曲霉毒素每毫升限量为 0.5μg/kg；《饲料卫生标准》（GB13078-2001）规定了奶牛精料补充料中黄曲霉毒素 B_1 限量为 10μg/kg，肉牛精料补充料中黄曲霉毒素 B_1 限量为 50μg/kg，玉米、花生饼（粕）、棉籽饼（粕）、菜籽饼（粕）限量为 50μg/kg，豆粕限量为 30μg/kg。然而，却没有对青贮玉米中霉菌毒素等危害因子限量做出规定。因此，青贮饲料中霉菌毒素的评价是反刍动物养殖者和科研机构应该重点关注的内容。

一、青贮饲料中霉菌毒素评定的指标

研究发现，青贮饲料中霉菌毒素的主要种类为黄曲霉毒素、玉米赤霉烯酮和呕吐毒素。因此，青贮饲料中霉菌毒素评定的主要指标为黄曲霉毒素，其次为玉米赤霉烯酮和呕吐毒素（表 4-4-1）。

表 4-4-1　青贮饲料中霉菌毒素的主要种类

单位：μg/L，干物质基础

青贮种类	黄曲霉毒素（AFB）	玉米赤霉烯酮（ZEA）	T-2 毒素（T-2）	呕吐毒素（DON）	烟曲霉毒素	赭曲霉毒素（OT）	研究者
青贮玉米	23.5	400.67	-未检测	520	-未检测	65.54	马美蓉（2011）
青贮玉米	8.29	478.16	40.42	410.00	30.00	76.8	郭福存等（2007）
青贮玉米秸秆、全株（内蒙古）	13.02						王晓娜（2011）
青贮玉米秸秆、全株（山西）	2.78						王晓娜（2011）
青贮玉米秸秆、全株（天津）	17.56						王晓娜（2011）
青贮玉米秸秆、全株（北京）	7.03						王晓娜（2011）
青贮玉米秸秆、全株	44.72~51.24	154.85~412.96					闫峻（2009）
青贮玉米	4~34	23~41		100~213		桔霉素 4~25	Garon 等（2006）
青贮玉米	阳性	阳性		阳性	阳性		González Pereyra（2008）
青贮玉米	阳性	阳性		阳性	阳性	阳性	Reyes~Velázquez 等（2008）
青贮玉米	阳性	阳性	阳性	阳性			Roigé 等（2009）
青贮玉米	阳性	阳性		阳性	阳性	阳性	Eckard 等（2011）

二、国外青贮饲料中霉菌毒素限量值

美国威斯康辛大学研究表明，青贮饲料中黄曲霉毒素含量应该小于 20μg/L，玉米赤霉烯酮含量应该小于 300μg/L，呕吐毒素含量应该小于 6μg/L，见表 4-4-2。

表 4-4-2　青贮饲料中霉菌毒素的限量

霉菌毒素种类	限量值，μg/L
黄曲霉毒素	<20
玉米赤霉烯酮	<300
呕吐毒素	<6

资料来源：曹志军，全株玉米青贮生产与品质评定关键技术，2014

三、测定方法

饲料中黄曲霉毒素 B_1 在层析过程中与胶体金标记的特异性抗体结合，抑制了抗体和硝酸纤维素膜检测线上黄曲霉毒素 B1-BSA 偶联物的免疫反应，使检测线颜色变浅，通过检测颜色变化进行测定。具体测定方法见附录 H。

第五节　消化率评定

青贮玉米经过感官评定、理化评定、微生物评定和霉菌评定后，还必须确定其消化利用的效率。青贮消化率的高低能够反映动物对青贮玉米养分的利用效率，能够很好地评价青贮的降解特性和营养价值。因此，全株玉米青贮的消化率评定，对于青贮品质的判定以及全株玉米青贮的推广都有重要指导意义。青贮饲料消化率评定方法主要有体内法（in vivo）、半体内法（in situ）和体外法（in vitro）。

一、体内法

体内法又称活体法，是指利用活体动物评定青贮饲料营养价值的方法。基本原理是：给动物安装真胃瘘管和十二指肠瘘管，从瘘管采取食糜样本，结合示踪元素标记技术，测定食糜养分在动物消化道的消化利用。主要用于测定饲料蛋白质的瘤胃降解率瘤胃微生物蛋白（MCP）合成效率、碳水化合物在瘤胃中的降解率和评定能氮平衡等。

该方法的优点是最接近动物的生理条件，比较准确，具有可靠性和真实性，是其他方法参考对照的标准方法。缺点是试验动物的花费成本高、降解率受各种不稳定性因素（饲养水平、饲喂量、饲喂次数、试验动物大小以及安装瘘管后试验动物处于非正常生理状态）的误差影响，方法复杂、费时费力。因此，体内法仅适用于全混合日粮养分、有化率的评定，而不适于单一青贮玉米饲料样本的常规测定。

二、半体内法

半体内法主要是指瘤胃尼龙袋法，是一种借助瘘管动物和尼龙袋评定饲料在瘤胃内降解速度和程度的方法（冯仰廉，2004），目前在国内外普遍采用。Quin（1935）首次把饲料放入天然丝袋中研究饲料在羊瘤胃中的降解率，20 世纪 70 年代后，此法就一直被广泛推广应用，不同的研究者也对具体情况进行了标准化。该方法将一定规格的装有待测饲料的尼龙袋放入装有瘤胃瘘管的动物的瘤胃内进行培养，分别在不同的降解时间点取出后，测定发酵后的饲料残渣，计算不同时间点饲料养分的降解率。如果测定多个时间点的降解率，就可以计算出瘤胃发酵参数，即，根据饲料蛋白质从尼龙袋中消失的数学模型，饲料蛋白质的瘤胃降解率与时间的关系为：$p=a+b(1-e^{-kt})$。其中，p 代表尼龙袋在瘤胃中滞留时间 t 后的饲料蛋白降解率，a 为快速降解蛋白，b 为慢速降解蛋白，随着滞留时间的增加，慢速降解蛋白的降解率逐渐增加，k 为慢速降解蛋白降解的速度常数。装有饲料的尼龙袋在瘤胃中滞留不同的时间，可测定饲料蛋白瘤胃降解率的时间曲线，可根据最小二乘法数据拟和求出饲料蛋白的瘤胃动态降解率。待测饲料可用重铬酸钠标记，通过 Cr（标记物）流出瘤胃的速度测定待测饲料流出瘤胃的速度 k。在实践中，青贮玉米的瘤胃流通速度按 0.06 h^{-1} 计算。在不同时间点（6、12、24、36、48、72h）测定其相应的消化率，再根据不同时间点的消化率来计算饲料样品的有效降解率。

瘤胃尼龙袋法的优点是试验在动物体内进行，操作简单，成本低，比体外法更能反映瘤胃的实际生理状况，便于推广应用（薄玉琨，2011；洪金锁，2009）。缺点是，受日粮精粗比、动物个体差异、样品的量和颗粒大小、尼龙袋的洗涤方法、微生物的污染及尼龙袋的规格等诸多因素对尼龙袋试验结果的影响。谢春元等（2007）研究指出，瘤胃尼龙袋法评定含有大量可溶部分的饲料时，瘤胃有效降解率测定结果有偏高的趋势。此外，瘤胃尼龙袋法测定消化率时，还应注意到，微生物对品质不同的粗饲料的附着情况会使试验结果失真，因为微生物在尼龙袋内残留物上的附着使词料蛋白质的降解率偏低。尽管如此，相对于传统方法，尼龙袋法因其不需要复杂的分析技术，相对简单，具有良好的重复性，被广泛应用于反刍和非反刍动物饲料的营养价值评定中，是评定饲料在瘤胃内的降解率的一种常用的方法。

三、体外法

（一）体外产气法

体外产气法是 Menke 等（1979）建立的，是一种瘤胃模拟技术。原理是根据各种饲料在体外用瘤胃液消化所产生气体（CO_2 和 CH_4）的比率来估计有机物消化率。用于测定气体的方法有 Menke 法、液体置换法、压力计法及压力感受器系统，目前较普遍采用的体外产气技术依据器材不同分为注射器式与压力传感器式系统。压力传感器是将传感器与计算机相连，能在较短时间内分析大量样品，节省时间和劳动力。中国农业大学杨红建等在前人研究的基础上，自行研发了 AGRS- Ⅲ型体外发酵产气自动记录系统，该系统采用压力传感器原理，能测定从 0 时刻开始的产气量，当发酵容器内累计产气量达到标定产气量时，系统会自动记录产生该气量的累计时间（h）和累积产气量（mL）（杨红建，2007；Yang, 2013; Pang, 2014）。

体外产气法与传统的体内消化法相比，操作方法，简便、快捷，测定数据重复性好，而且测得的有机物消化率与在活体内测定的结果呈显著正相关，有较高的应用价值（庞德公，2014）。但体外产气法毕竟是一种体外模拟技术，发酵容器不同于真正的瘤胃，瘤胃食糜不能外流，发酵终产物容易积累，致使发酵容器内环境发生改变，试验结果的准确性受到影响。

（二）人工瘤胃法

人工瘤胃技术（高巍，2003；刘美，2004）是体外研究瘤胃微生物营养与代谢的一类技术方法，又称瘤胃模拟培养法。其原理是，采集动物的瘤胃液对饲料进行体外培养，以达到接近瘤胃内环境来研究饲料样品的降解率。人工瘤胃技术分为短期人工瘤胃发酵法和长期人工瘤胃发酵法。

短期人工瘤胃发酵装置可以根据研究目的进行不同的设计，其共同特点是静态发酵，不对底物和产物进行分离，因而只能持续较短的时间。但试验装置简单，在饲料营养价值评定等研究方面仍具有很大的价值。该方法的缺陷在于只能测定某一时间点的降解率，不能测定动态降解率。

长期持续动态人工瘤胃发酵系统的结构较为复杂，可以应用于常规饲料营养价值评定、蛋白质饲料瘤胃保护技术、各种化学试剂和药物对微生物代谢影响及瘤胃营养调控等方面的研究。由于应用持续动态人工瘤胃系统进行的研究通常要求持续发酵时间为 2~10 天，因此对整个系统的技术条件有严格的要求，通过控制发酵条件及内容物的排出来模拟瘤胃内的实际环境，以接近瘤胃发酵的真实情况。此方法可以在较长时间内研究饲料的动态降解率，虽然该法仍需瘘管动物，但相比尼龙袋法更具灵活性，是一种较好的实验室评定方法。

（三）酶解法

酶解法是用酶溶液代替瘤胃液对饲料营养价值进行评定的一种体外法，能较好地估测饲料的体内干物质消化率。与体外发酵法相比，酶解法简单、准确、重复性好，不需要瘘管动物。但实际研究中，很难只用一种蛋白酶来反映青贮样品蛋白质降解特征，研究者多采用复合酶法。其中，用胃蛋白酶 – 纤维素酶的复合酶法评定青贮饲料有机物降解率，适合我国评定青贮饲料干物质消化率。

酶解法的缺点是，只测定某一时间的降解率而忽视其动态降解率，而且瘤胃中微生物对蛋白质的消化过程非常复杂，用酶解法去模拟瘤胃内的降解存在一定的局限性。但酶解法在近年来的研究中都在应用，测定结果与体内法或半体内法具有较高的相关性。

四、小肠营养物质消化吸收评定

小肠可消化养分来评定反刍动物饲料营养价值和营养需要符合反刍动物的消化代谢特点，主要是对过瘤胃养分的消化率的评定，是反刍动物营养研究的一个重要领域。饲料营养物质在瘤胃微生物和后部消化道的消化作用下转化为可吸收的营养物质，大部分营养物质经小肠吸收后参与机体代谢。用小肠可消化养分评定反刍动物青贮饲料营养价值，是一种符合反刍动物的消化代谢特点、更加准确的评定方法。目前小肠营养物质消化吸收的评定方法主要有移动尼龙袋法和酶解三步法。

（一）移动尼龙袋法

测定原理：一定量的饲料样品在瘤胃中经过 16h 发酵降解后，采集一定量的瘤胃非降解饲料残渣样品置于一定尺寸规格的特制小尼龙袋中，经胃蛋白酶液培养一段时间后，将尼龙袋从十二指肠瘘管投入小肠中，并从回肠末端瘘管或粪便中回收尼龙袋，根据尼龙袋的粗蛋白或氨基酸消失率来估测饲料的小肠消化率。其优点是，不需要测定食糜流量，避免了食糜流量测定带来的误差，实验动物可以正常饲喂，避免了日粮改变对消化代谢的影响，只需安装真胃瘘管，对动物的刺激较小，是实验室一种较好的评定方法。移动尼龙袋法存在的主要缺点有：从粪便收集尼龙袋使养分经过了大肠微生物的发酵，对测定结果有影响。尼龙袋容易在肠道中堵塞，不同尼龙袋从粪中排除的时间差异较大，收集困难。由于尼龙袋对肠道的刺激较大，加快了肠道的蠕动，使尼龙袋在肠道内的平均滞留时间低于食糜。对尼龙袋的孔径大小、饲料残渣装袋量、饲料在瘤胃内的培养时间等因素对测定结果的影响还需要进一步研究，以建立统一的标准化方法。

（二）酶解三步法

测定原理：酶解三步法是装有饲料样品的尼龙袋在瘤胃内培养 16h 后，其残渣再分别经胃蛋白酶和胰蛋白酶培养一段时间，用 100% 三氯乙酸溶液终止酶解反应。根据上清液中的可溶性蛋白质和瘤胃降解后饲料残渣的粗蛋白来估测小肠消化率。

酶解三步法的优点是不需要实验动物，速度快，成本低，易操作。而且酶解法可以与体内法测定结果相比较，能够逐步建立与体内法测定结果相关程度高的体外评定方法。其缺点是在体外不可能完全模拟体内的消化过程，测定结果准确性受到影响。

具体的测定步骤见附录 I。

第五章　青贮饲喂

青贮原料封窖后，一般经过 30~50 天便可完成发酵过程。此时，可根据牧场需求选择合理的开窖时间，以保证粗饲料的稳定供给。总之，选择合适的青贮制作模式，推广青贮在奶牛、肉牛、肉羊等反刍动物饲喂中的应用，对动物采食并利用青贮有积极的促进作用。

青贮饲料饲喂后，应让反刍动物在短时间内尽快采食。采食完毕后，需清除饲槽内的残余青贮，以免污染下次饲喂的青贮。青贮品种多样，且可与多种模式的日粮混合饲喂给反刍动物，一般对于体重 550kg 的牛每天最多可饲喂 25kg 青贮，绵羊和山羊每天最多可饲喂 5kg 青贮。

第一节　奶牛饲喂技术及推荐量

一、饲喂方法

（一）最好采用 TMR（Total Mixed Ration，全混合日粮）方式饲喂

TMR 是根据奶牛不同生理阶段和生产性能的营养需要，把铡切适当长度的粗饲料、精饲料和各种添加剂按照一定的比例进行充分混合而得到的一种营养相对平衡的日粮，其最大的特点是奶牛在任何时间所采食的每一口饲料其营养都是均衡的。

采用 TMR 饲喂模式时，应根据奶牛营养需要量，包括干物质、奶牛能量单位（或产奶净能）、蛋白质、NDF、ADF、矿物质以及维生素的需要量，确定青贮的合适添加比例。此外，应选用适宜型号的 TMR 制作设备、配合精确的混合技术、搅拌间隔等加工模式。调节 TMR 的物理特性，例如颗粒的大小、均质性、适口性、味道、温度和密度。有助于家畜对青贮的适应、采食和利用（图 5-1-1）。

（二）没有条件采用 TMR 饲喂方式的牧场

应先饲喂青贮料，再饲喂干草和精料，以缩短青贮饲料的采食时间（图 5-1-2）。

（三）适量饲喂

青贮饲料的饲喂量不应过高。由于青贮饲料具有轻泻作用，过量饲喂易导致幼畜拉稀、腹泻（表 5-1-1）。

图 5-1-1　TMR 饲喂方式有助于家畜对青贮的适应和采食

图 5-1-2　精粗分开饲喂的牧场应采用合理的饲喂顺序

表 5-1-1　不同家畜青贮类饲料饲喂推荐量

家畜种类	饲喂推荐量（kg/ 天 / 头）
肉牛	10.0~20.0
产奶母牛	15.0~25.0
断奶犊牛	5.0~10.0
种公牛	10.0~15.0

引自：杜垒 . 2012. 饲料青贮与氨化技术图解

（四）禁喂坏料

青贮窖开封后，闻到青贮酸香味，饲料呈黄绿色，质地柔软、湿润，即可断定为发酵良好的青贮料，可定量取用饲喂。否则，不可饲喂，防止家畜中毒或孕畜流产。常见的方形青贮窖应从窖的一端开始，按青贮窖横截面自上而下整齐切取，尽量减少青贮料与空气的接触面。其他类型的青贮窖应按照避免二次发酵的原则采用合理的取料模式。不管何种类型的青贮窖，都应尽量保证取料面的平整，切忌打洞掏取，避免由于二次发酵引起的青贮品质下降，对奶牛健康造成不利影响。

此外，应保障青贮窖周围环境的清洁，及时清理霉变腐烂的饲料，以减少霉菌及其孢子的数量，防止其污染新鲜的青贮饲料。当植物在生长期间遭遇干旱、冰雹、虫害及肥料不平衡等极端条件下，就会出现高硝酸盐的情况，而饲料中存在过量的硝酸盐对奶牛健康会造成一定影响，甚至是危害作用。适时检测青贮中硝酸盐含量，依据表 5–1–2 中给出的推荐值，确定饲料是否可饲喂给奶牛，如品质不合格禁止饲喂。

表 5–1–2　粗饲料中硝酸盐水平与奶牛饲喂量

硝酸根离子 %	硝酸盐氮 mg/kg	推荐量
0.0~0.44	< 1000	安全饲料源
0.44~0.66	1000~1500	怀孕奶牛限饲，不可超过日粮干物质基础的 50%，未怀孕奶牛不需限饲
0.66~0.88	1500~2000	不可超过日粮干物质基础的 50%
0.88~1.54	2000~3500	怀孕奶牛禁饲，未怀孕奶牛限饲，饲喂量不可超过日粮干物质基础的 35%
1.54~1.76	3500~4000	怀孕奶牛禁饲，未怀孕奶牛限饲，饲喂量不可超过日粮干物质基础的 20%
超过 1.76	>4000	禁止作为奶牛日粮

引自《The silage zone》

（五）饲喂次数

青贮饲料或其他粗饲料，每天最好饲喂 3~4 次，增加奶牛反刍的次数。

（六）添加剂

饲喂大量青贮时，可在日粮中添加 1.5% 的小苏打，促进胃的蠕动，中和瘤胃内的酸性物质，升高 pH 值。

二、饲喂量

在对青贮饲料品质进行评定后，应结合家畜的种类、年龄、体型、体况和生理阶段等因素，依据饲养标准，制定科学合理的日粮配方，确定青贮的饲喂量（图 5–1–3）。

图 5–1–3　奶牛采食青贮饲料

表 5-1-3　不同家畜每 100kg 体重青贮类饲料饲喂推荐量

家畜种类	饲喂推荐量（kg/ 天）
成年泌乳牛	5.0~7.0
成年育肥牛	4.0~5.0
成年役牛	4.0~4.5
成年种公牛	1.5~2.0

引自：王成章，王恬 . 2003. 饲料学

三、推荐配方

（一）泌乳前期奶牛日粮配方（表 5-1-4）

表 5-1-4　泌乳前期牛日粮配方与营养组成（产奶量 >25kg, 泌乳天数 <91d）

饲料配方		营养成分 (%)	
玉米	24.0	产奶净能 (MJ/kg)	6.8
麸皮	5.0	奶牛能量单位 (NND)	2.2
豆粕	7.0	CP	16.0
棉粕	5.0	NDF	38.0
DDGS	5.0	ADF	21.0
磷酸氢钙	0.3	Ca	0.88
碳酸钙	0.5	P	0.37
小苏打	0.5		
食盐	0.5		
全棉籽	2.5		
预混料	0.5		
苜蓿草	10.0		
玉米青贮	20.0		
啤酒糟	4.0		
羊草	15.0		

（二）泌乳中后期奶牛日粮配方（表 5-1-5）

表 5-1-5　泌乳中期奶牛日粮配方与营养组成（产奶量 20~25kg，泌乳天数 100~200d）

饲料配方		营养成分 (%)	
玉米	22.0	产奶净能 (MJ/kg)	6.3
麸皮	4.0	奶牛能量单位 (NND)	2.0
豆粕	4.0	CP	15.0
棉粕	4.0	NDF	38.0
DDGS	3.0	ADF	21.0
胡麻粕	2.0	Ca	0.66
碳酸氢钙	1.0	P	0.34
碳酸钙	0.5		
小苏打	0.5		
食盐	0.5		
预混料	0.5		
玉米青贮	30.0		
啤酒糟	3.0		
羊草	25.0		

（三）后备牛日粮配方（表 5-1-6）

表 5-1-6　后备牛日粮配方及营养成分

饲料配方		营养成分 (%)	
玉米	22.0	产奶净能 (MJ/kg)	5.6
豆粕	4.0	奶牛能量单位 (NND)	1.79
棉籽粕	2.0	CP	14.5
菜籽粕	2.5	NDF	46.8
DDGS	5.0	ADF	28.6
磷酸氢钙	0.5	Ca	0.68
石粉	0.5	P	0.40
食盐	0.5		
预混料	0.5		
尿素	0.5		
玉米秸秆或干草	33.0		
玉米青贮	30.0		

第二节　肉牛饲喂技术及推荐量

一、饲喂方法

（一）最好采用 TMR 方式饲喂

图 5-2-1　TMR 饲喂方式

将青贮饲料和精料、优质干草等搅拌均匀后再饲喂，避免牛挑食（图 5-2-1）。

（二）饲喂量

青贮饲料具有一定酸味，饲喂时应逐量添加，遵循循序渐进的原则。切忌一次性足量饲喂，造成瘤胃内酸度过高。

（三）饲喂次数

最好全天自由采食，以保证正常的反刍。每天饲喂次数不应小于 2 次。

（四）合理搭配

青贮饲料虽然是一种优质粗饲料，但必须与精饲料进行合理搭配才能提高利用率。配比不合理会使 TMR 搅拌不均匀，牛羊获得的营养不均衡，还会导致代谢障碍，如反刍减少、酸中毒、真胃变位等（图 5-2-2）。

（五）添加剂

如果青贮饲料酸度较大，饲喂量大时就会影响牛羊的正常采食和生产性能。可根据实际情况添加适量的小苏打和氧化镁，一般添加量为 1.5%。

图 5-2-2　合理的配比外观（左）和不合理配比外观（右）

（六）劣质或发霉青贮禁止饲喂

图 5-2-3　青贮霉变（美国加州一牛场，2006）

劣质饲料或发霉青贮有害畜体健康，容易造成母畜流产，不能饲喂。冰冻的青贮则应等到冰融化后再饲喂（图 5-2-3）。

注意事项：

① 对于 6 月龄前瘤胃功能尚未发育完全的犊牛，不宜大量饲喂纤维消化率不高的青贮饲料。

② 青年牛、育成牛和怀孕母牛在放牧阶段或冬春季舍饲阶段，可以大量饲喂发酵良好的青贮饲料或作为补饲饲料，特别是全株玉米青贮饲料。

③ 育肥牛在高精料育肥阶段需控制青贮饲料的饲喂量，以防止瘤胃酸中毒和真胃变位的发生。

二、饲喂量

应当结合青贮饲料的品质，肉牛的年龄、性别、生理阶段、生长速度等因素，参考饲养标准列出的需要量确定合适的青贮饲喂量。品质良好的青贮料可以适量多喂，但不能完全替代全部饲料。一般情况下，青贮饲料干物质可以占粗饲料干物质的 1/3~2/3。

成年牛每 100kg 体重青贮饲喂量：泌乳牛 5~7kg，育肥牛 4~5kg，役用牛 4~4.5kg，种公牛 1.5~2kg。

犊牛可从生后第 1 个月末开始饲喂青贮料，喂量每天 100~200g/ 头，并逐步增至 5~6 月龄每天 8~15kg/ 头。

三、推荐配方（表 5-2-1~ 表 5-2-3）

表 5-2-1　生长育肥牛前期典型饲料配方（体重 300~350kg）

饲料配方	（%DM）	营养成分	
全株玉米青贮	48.0	ME(Mcal/kg)	2.59
苜蓿干草	12.0	CP(%)	12.00
玉米	20.5	NDF(%)	48.70
小麦麸	2.0	ADF(%)	32.51
棉籽饼	15.5	Ca(%)	0.48
石粉	0.5	P(%)	0.35
碳酸氢钙	0.1		
预混料	1.0		
食盐	0.4		

引自：赵尊阳等（2013）

表 5-2-2　早期断奶犊牛典型饲料配方

饲料配方	%DM	营养成分	
优质苜蓿草粉颗粒	15	ME（Mcal/d）	3.5
干草粉	10	CP（%）	16.5
全株玉米青贮	15	NDF（%）	43.2
玉米粉	37	ADF（%）	34.1
豆粕	10	Ca（%）	0.50
糖蜜	10	P（%）	0.37
骨粉	2		
微量元素预混料	1		

引自：祁兴运等（2013）

表 5-2-3　母牛典型饲料配方

饲料配方	%DM	营养成分（%）	
全株玉米青贮	41.85	CP	17.1
蒸汽压片玉米	37.80	NDF	32.6
玉米蛋白粉	0.90	ADF	15.4
菜籽粕	5.86	淀粉	34.8
豆粕	9.92	Ca	0.58
糖蜜	0.68	P	0.32
碳酸钙	0.63		
磷酸氢钙	0.41		
微量元素预混料	1.13		
豆油	0.68		

引自：Beauchemin et al, (2005)

第三节　肉羊饲喂技术及推荐量

一、饲喂方法

（一）建议采用 TMR 饲喂方式

将青贮饲料、精料、优质干草等用 TMR 搅拌机混匀后饲喂，避免羊的挑食和浪费。育肥羊日喂两次，每次上槽饲喂时间不宜超过 3h，两次间隔时间不低于 8h，以保证羊的充分反刍，保持食欲，减少饲料的浪费。

（二）三阶段育肥饲喂

建议使用三阶段式育肥饲养（刘玉华，2011）。第一阶段 4 周，精粗比 30:70；第二阶段 4 周，精粗比 35：65；第三阶段 4 周，精粗比例 40：60。粗料为全株玉米青贮，辅以羊草等其他干粗饲料，精料配方根据不同生长发育阶段的肉羊营养需求合理设计，结合肉羊饲养标准 (NY/T816-2004)，首先确定玉米青贮的用量，其次从特定生理状态下羊营养物质总需要量中扣除玉米青贮饲料和其他粗饲料等提供的营养物质数量，作为精料需提供的营养量，最后以此为依据计算精料用量。饲喂时采用 TMR 饲喂方式（李涛，2009）。

（三）添加剂的使用

建议肉羊养殖场结合自身条件，选择绿色健康、无毒无害的饲料添加剂，如产朊假丝酵母或枯草芽孢杆菌，尿素，脂肪酸钙，莫能菌素等（张琨，2010）。

二、饲喂量

肉羊对于玉米青贮的采食，应结合羊的生长发育阶段，来确定其营养需要量，进而选择合适的青贮饲喂量。粗饲料（包括青贮饲料）饲喂量在肉羊日粮干物质采食量中所占的比例在不同生长发育阶段有较大差异。一般来讲，育肥羊日粮中粗饲料应占日粮干物质的30%~50%，后备种羊及育成羊占 60% 以上。因此，精料与玉米青贮等粗饲料的饲喂量根据《中国肉羊饲养标准》（NY/T816-2004）的营养要求来具体确定。

（一）种公羊

种公羊需要维持中上等膘情，以保证其常年健壮繁殖体况。种公羊的日粮配制根据配种期和非配种期的不同饲养标准来配合，再结合个体差异作适当调整。因此玉米青贮饲料的饲喂量也应根据种公羊配种期和非配种期而有所不同。种公羊的饲养标准见表 5-3-1。

表 5-3-1　种公羊的饲养标准

饲养期	体重 (kg)	DMI (kg/d)	消化能 (MJ/d)	粗蛋白 (g/d)	钙 (g/d)	磷 (g/d)	食盐 (g/d)
非配种期	70	1.8~2.1	16.7~20.5	110~140	5~6	2.5~3	10~15
	80	1.9~2.2	18~21.8	120~150	6~7	3~4	10~15
	90	2.0~2.4	19.2~23	130~160	7~8	4~5	10~15
	100	2.1~2.5	20.5~25.1	140~170	8~9	5~6	10~15
配种期 (1)	70	2.2~2.6	23.0~27.2	190~240	9~10	7.0~7.5	15~20
	80	2.3~2.7	24.3~29.3	200~250	9~11	7.5~8.0	15~20
	90	2.4~2.8	25.9~31.0	210~260	10~12	8.0~9.0	15~20
	100	2.5~3.0	26.8~31.8	220~270	11~13	8.5~9.5	15~20
配种期 (2)	70	2.4~2.8	25.9~31	260~370	13~14	9~10	15~20
	80	2.6~3.0	28.5~33.5	280~380	14~15	10~11	15~20
	90	2.7~3.1	29.7~34.7	290~390	15~16	11~12	15~20
	100	2.8~3.2	31~36	310~400	16~17	12~13	15~20

注：配种期（1）为配种 2~3 次；（2）为配种 3~4 次。

1. 配种期种公羊的青贮饲喂量

配种期种公羊的营养供应只有得到充足保证，才能使其性欲旺盛，精子密度大、活力强，母羊受胎率高。一般应从配种前 1~1.5 个月开始增加精料供给（配种期饲养标准的 60%~70%），逐步增加到配种期的饲养标准。配种期内，体重 80~90kg 的种公羊，每天需要 2kg 以上的饲料采食量，期间对玉米青贮的日采食量建议不低于 4kg。

2. 非配种期种公羊的青贮饲喂量

非配种期，种公羊需要保证热能、蛋白质、维生素和矿物质等的充分供给。在早春和冬季非配种期，体重 80~90kg 的种公羊，每天需 1.5kg 左右的饲料干物质采食量。玉米青贮的日饲喂量建议控制在 3kg 为宜。

（二）母羊

母羊的饲喂包括空怀期、妊娠期和哺乳期三个阶段。玉米青贮的每日饲喂量也不尽相同，但应做到循序渐进、逐步增加。

1. 空怀期母羊

空怀期母羊，是指羔羊断奶到其发情配种时期。空怀期的营养供给直接影响母羊的妊娠状况。配种前 1 个月进行短期优饲，之后将优饲日粮逐步减少，但应严格防止营养水平的骤然下降。根据饲养标准，建议空怀期母羊玉米青贮的饲喂量在 2kg 左右。空怀期母羊饲养标准参考育成母羊的饲养标准，见表 5-3-2。

表 5-3-2　空怀母羊的饲养标准

体重 (kg)	DMI (kg/d)	DE (MJ/d)	粗蛋白 (g/d)	钙 (g/d)	磷 (g/d)	食盐 (g/d)
25~30	0.8~1.0	5.86~9.20	47~112	3.6	1.8	3.3
30~35	1.0~1.2	6.70~10.88	54~117	4.0	2.0	4.1
35~40	1.2~1.4	7.95~12.55	61~12.3	4.5	2.3	5.0
40~45	1.4~1.5	8.37~13.39	67~129	5.0	2.5	5.8
45~50	1.5~1.6	9.20~15.06	94~140	5.0	2.6	6.2

2. 妊娠期母羊

母羊的妊娠期平均约为 150 天，分为妊娠前期和妊娠后期。妊娠母羊的饲养标准见表 5-3-3。

妊娠前期是指母羊受胎后前 3 个月。这一时期，胎儿生长速度较慢，所需营养相对较少，根据饲养标准，建议妊娠前期母羊玉米青贮的饲喂量在 2.5kg 左右。充分保证其营养需求，避免吃霉烂饲料，以防早期流产。

妊娠后期是指母羊妊娠的最后两个月。妊娠后期胎儿生长迅速，羔羊 90% 的初生重是在这一时期完成。妊娠后期的营养水平至关重要，关系到胎儿发育，羔羊初生重，母羊产后泌乳力，以及母羊的下一繁殖周期。母羊在妊娠后期对于饲料营养中蛋白质、钙、磷等的需求量都显著增加。青贮饲喂量建议在3kg左右。但应注意妊娠后期母羊过肥，易出现食欲不振，进而使胎儿营养不良。

表5-3-3 妊娠母羊的饲养标准

妊娠期	体重	DMI (kg/d)	消化能 (MJ/d)	粗蛋白质 (g/d)	钙 (g/d)	磷 (g/d)	食盐 (g/d)
前期	40	1.6	12.55	116	3	2	6.6
	50	1.8	15.06	124	3.2	2.5	7.5
	60	2	15.9	132	4	3	8.3
	70	2.2	16.74	141	4.5	3.5	9.1
后期（单羔）	40	1.8	15.06	146	6	3.5	7.5
	45	1.9	15.9	152	6.5	3.7	7.9
	50	2	16.74	159	7	3.9	8.3
	55	2.1	17.99	165	7.5	4.1	8.7
	60	2.2	18.83	172	8	4.3	9.1
	65	2.3	19.66	180	8.5	4.5	9.5
	70	2.4	20.92	187	9	4.7	9.9
后期（双羔）	40	1.8	16.74	167	7	4	7.9
	45	1.9	17.99	176	7.5	4.3	8.3
	50	2	19.25	184	8	4.6	8.7
	55	2.1	20.5	193	8.5	5	9.1
	60	2.2	21.76	203	9	5.3	9.5
	65	2.3	22.59	214	9.5	5.4	9.9
	70	2.4	24.27	226	10	5.6	11

3. 哺乳期母羊

肉羊哺乳期大约为90天，将哺乳期划分为哺乳前期和哺乳后期。哺乳前期是羔羊出生后前两个月，羔羊每增重1kg需耗母乳5~6kg，为满足羔羊快速生长发育的需要，必须提高母羊的营养水平，提高泌乳量。饲料应多提供优质干草、青贮料及多汁饲料，对于体重在70kg哺乳母羊，玉米青贮的每日饲喂量建议达到3kg以上。哺乳期母羊饲养标准见表5-3-4。但是随着羔羊对母乳的采食量降低，应逐渐减少母羊的日粮供给，逐步过渡到空怀母羊日粮标准。

表 5-3-4　哺乳母羊饲养标准

泌乳量 (kg/d)	体重 (kg)	DMI (kg/d)	消化能 (MJ/d)	粗蛋白 (g/d)	钙 (g/d)	磷 (g/d)	食盐 (g/d)
0.2	40	2.0	12.97~23.01	119~196	7.0	4.3	8.3
0.4	50	2.2	15.06~25.10	122~200	7.5	4.7	9.1
0.8	60	2.4	16.32~26.78	125~203	8.0	5.1	9.9
1.0	70	2.6	17.99~28.45	129~206	8.5	5.6	11.0
1.2	40	2.0	25.94~33.47	216~274	7.0	4.3	8.3
1.4	50	2.2	28.03~35.56	219~277	7.5	4.7	9.1
1.6	60	2.4	29.29~37.24	223~275	8.0	5.1	9.9
1.8	70	2.6	30.96~39.33	226~284	8.5	5.6	11.0

（三）育肥羊

舍饲育肥羊（20~45kg）的日粮配制要根据肉羊育肥期营养物质的需要，按照饲养标准和饲料营养成分配制出满足其生长发育的饲料。羊从出生到 8 月龄是羊一生中生长发育最快的时期，哺乳期是骨骼发育最快时期，4~6 月龄时肌肉组织生长最快，7~8 月龄时脂肪组织的增长最快，12 月龄以后肌肉和脂肪的增长速度几乎相同。所以在肉羊生产中，必须根据不同时期的生产发育特点，合理地配制饲料配方，满足其生长和发育的需要，以保持舍饲育肥肉羊较高的饲养水平。研究表明，玉米青贮作为优质粗饲料，可以明显提高肉羊的平均日增重、消化能、干物质和粗蛋白利用率，胴体品质也得到改善。玉米青贮的每日饲喂量从育肥羔羊到成年育肥羊应做到逐步增加，育肥羊从 3 月龄开始长到 80kg，玉米青贮的日饲喂量建议从 1kg 逐步增加到 4kg 左右。育肥肉羊的饲养标准见表 5-3-5 和表 5-3-6。

表 5-3-5　生长育肥羔羊饲养标准

体重 (kg)	DMI (kg/d)	DE (MJ/d)	粗蛋白质 (g/d)	钙 (g/d)	磷 (g/d)	食盐 (g/d)
4	0.12	1.92~3.68	35~90	0.9	0.5	0.6
6	0.13	2.55~4.18	36~88	1.0	0.5	0.6
8	0.16	3.01~4.6	36~88	1.3	0.7	0.7
10	0.24	3.6~6.28	54~121	1.4	0.75	1.1
12	0.32	4.6~7.11	56~122	1.5	0.8	1.3
14	0.4	5.02~7.53	59~123	1.8	1.2	1.7
16	0.48	5.44~8.37	60~124	2.2	1.5	2.0
18	0.56	8.28~8.79	63~127	2.5	1.7	2.3
20	0.64	7.11~9.62	65~128	2.9	1.9	2.6

表 5-3-6　生长育肥羊饲养标准

体重（kg）	DMI（kg/d）	DE（MJ/d）	粗蛋白质（g/d）	钙（g/d）	磷（g/d）	食盐（g/d）
20	0.8~1.0	9~15.01	111~210	1.9~4.6	1.8~3.7	7.6
25	0.9~1.1	10.5~17.45	121~218	2.2~5.4	2~4.2	7.6
30	1.0~1.2	12~19.95	132~321	2.5~6	2.2~4.6	8.6
35	1.2~1.3	13.4~20.19	141~233	2.8~6.4	2.5~5.0	8.6
40	1.3~1.4	14.9~24.99	143~227	3.1~7.0	2.7~5.4	9.6
45	1.4~1.5	16.4~27.38	152~233	3.4~7.4	2.9~6.0	9.6
50	1.5~1.6	17.9~30.03	159~237	3.7~8.5	3.2~6.5	11.0

三、推荐配方

舍饲肉羊的日粮配合要根据肉羊育肥期营养物质的需要，按照饲养标准和饲料营养成分配制出满足其生长发育的饲料。这样，舍饲育肥肉羊能保持较高的饲养水平，可获得较多的干物质和消化能，增重快，饲料利用率高，肉质好。

（一）育肥羊

育肥羔羊日粮配方推荐 1，见表 5-3-7。

表 5-3-7　育肥羔羊日粮配方

饲料成分	单位 %
玉米（%）	39.4
豆粕（%）	12.5
棉粕（%）	6
贝粉（%）	0.3
$CaHPO_4$（%）	1.1
NaCl（%）	0.7
日采食量及营养含量	
日采食量（kg）	0.99
草粉日喂量（kg）	0.24
青贮日喂量（鲜重，kg）	0.5
日采食干物质（kg）	1.29
消化能（mj）	17.21
粗蛋白质（kg）	0.19
钙（g）	0.01
磷（g）	0.007

育肥羊的典型饲料配方推荐（表 5-3-8）

表 5-3-8　育肥羊日粮配方

浓缩料配方	
豆粕（44% CP）	13%
棉籽粕（43% CP）	25%
葵粕（33.6% CP）	25%
尿素	10%
麦麸	12%
石粉	8%
磷酸氢钙	2%
食盐	5%
1% 预混料	1%
混合日粮配方	
麦秸	20%
玉米秸秆	15%
玉米青贮	15%
苜蓿	10%
玉米	30%
浓缩料	10%
营养成分	
DE	8.67
ME	7.11
NDF	41.95
ADF	27.22
粗蛋白	11.63
钙	0.56
磷	0.23

（二）种公羊和成年母羊

种公羊的全混合日粮配方推荐，推荐配方见表 5-3-9。

表 5-3-9 种公羊日粮配方

饲料原料	比例 %	微量元素的添加量 mg/d	
玉米	20.00%	Se	0.23
枣粉	7.00%	I	0.7
胡麻饼	5.50%	Co	0.29
豆粕	10.00%	Mn	29
麸皮	3.00%	Zn	45
苜蓿干草	12.00%	Fe	78
玉米秸秆	13.00%	Cu	7.1
青贮玉米	18.00%		
秕瓜子壳	10.00%	Ca	0.4
钙	0.20%		
小苏打	0.20%		
食盐	0.60%		
微量元素和维生素	0.50%		

妊娠母羊的全混合日粮配方推荐，见表 5-3-10、5-3-11、5-3-12 和 5-3-13。

表 5-3-10 催情补饲 13 天

原料	比例 %	kg/d
玉米青贮	47.43%	1.2
玉米秸秆	19.76%	0.5
苜蓿	9.88%	0.25
豆粕	10.67%	0.27
麸皮	1.98%	0.05
玉米	7.11%	0.18
胡麻饼	1.98%	0.05
磷酸氢钙	0.24%	0.006
小苏打	0.16%	0.004
食盐	0.43%	0.011
预混料	0.36%	0.009

表 5-3-11　妊娠早期 50 天

原料	比例 %	kg/d
玉米青贮	49.85%	1.2
玉米秸秆	20.77%	0.5
苜蓿	7.48%	0.18
豆粕	4.99%	0.12
麸皮	2.08%	0.05
玉米	11.63%	0.28
胡麻饼	2.08%	0.05
磷酸氢钙	0.17%	0.004
小苏打	0.17%	0.004
食盐	0.42%	0.01
预混料	0.37%	0.009

表 5-3-12　妊娠中期 40 天 +15 天

原料	比例 %	kg/d
玉米青贮	49.18%	1.2
玉米秸秆	20.49%	0.5
苜蓿	7.79%	0.19
豆粕	6.97%	0.17
麸皮	2.05%	0.05
玉米	10.25%	0.25
胡麻饼	2.05%	0.05
磷酸氢钙	0.25%	0.006
小苏打	0.16%	0.004
食盐	0.45%	0.011
预混料	0.37%	0.009

表 5-3-13　妊娠后期 45 天

原料	比例 %	kg/d
玉米青贮	46.42%	1.2
玉米秸秆	19.34%	0.5
苜蓿	7.74%	0.2
豆粕	9.67%	0.25
麸皮	1.93%	0.05
玉米	12.57%	0.325
胡麻饼	1.16%	0.03
磷酸氢钙	0.23%	0.006
小苏打	0.15%	0.004
食盐	0.43%	0.011
预混料	0.35%	0.009

附录 A　干物质测定方法

一、直接干燥法

（一）仪器设备

植物样品粉碎机。

试验筛：孔径 0.42mm（40 目）。

分析天平：感量 0.0001g。

电热干燥箱：温度可控制在 103℃ ±2℃。

称量皿：玻璃或铝质，直径 50mm，高 30mm。

干燥器：变色硅胶干燥剂。

（二）样品制备

将采集的代表性样品用四分法缩减至约 300g（样品重量记为 $W2$），并盛放于托盘中称重（托盘重量记为 $W1$），置于 103℃烘箱中快速烘杀 15min，而后立即放到 65℃烘箱中，烘干 5~6h，取出后，在室内空气中冷却 1h，称重（此次托盘和样品总重记为 $W3$），即得风干试样。

风干试样干物质含量（%）$=(W3-W1)/W2\times 100$

将风干样品粉碎至 40 目，再用四分法缩至 100g，装入密封袋内，放在阴凉干燥处保存，以备测试。

（三）测定步骤

将称量皿洗净，将 50mm×30mm 玻璃称量皿在 103℃烘箱中烘 1h 后取出，在干燥器中冷却 30min，称量，准确至 0.0002g，再烘干 30min，冷却，称重，直至两次称重之差小于 0.0005g 为恒重。

将已恒重的玻璃称量皿记录，称取两份平行试样，每份称 2g 左右的样品，记录，准确至 0.0002g，在 103℃烘箱中烘 3h（以温度达到 103℃开始计时），取出，放在干燥器中冷却至室温，称重，同样方法再烘干 1h，冷却，称重，直至两次称重之差小于 0.002g。

（四）结果计算

原试样干物质含量（%）= 风干试样干物质含量（%）×$(m_3-m_1)/m_2$×100%

公式中：

m_1 为已恒重的玻璃称量皿重（g）；

m_2 为 105℃烘干前试样重（g）；

m_3 为 105℃烘干后试样及玻璃称量皿重（g）。

二、微波炉测定法

（一）仪器设备

微波炉：家用微波炉。

分析天平：感量 0.1g。

（二）样品制备

将采集的代表性样品用四分法缩减至小于 50g，即为试验样品。

（三）测定步骤

称重微波炉中玻璃托盘，归零。

将样品均匀放置在玻璃托盘上。

称重，记录重量，记为初始重量。

微波烘干程序如附表：

附表　微波干燥程序

烘干程序	时间
第 1 次烘干	90s
第 2 次烘干	45s
第 3 次烘干	35s
第 4 次烘干	30s

备注：A、4 次烘干之后，称量质量，然后放置在微波炉中再次烘干 10~20 秒；B、每次烘干之后，称量质量，直至恒重

第四次烘干之后，称量质量，记录重量。

将样品再次放置微波炉中再次烘干 10~20s；取出称量质量，记录重量。

重复步骤 5）和 6），直至样品重量恒重，记录最终重量。

（四）结果计算

干物质（%）=［1-（最初质量 - 最终质量）/ 最初质量］× 100

（五）注意事项

样品重量少于 50g。
微波炉使用最大火力。
持续短时隔加热，间隔时间 10~20s，防止饲料自燃。
样品应该均匀分开，不能堆积，否则受热不均匀。
每次取出称量重量时，不需要冷却。
破碎玉米籽粒表皮，以便能完全烘干。
不要在微波炉中放置 1 杯水，否则会降低测定样品的干物质含量。
天平刻度精确到 0.1g。

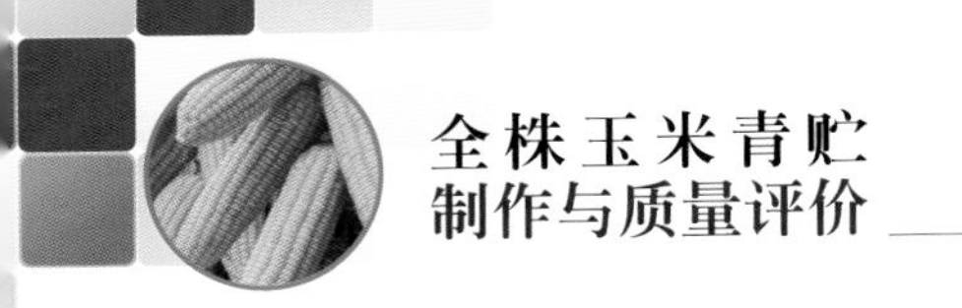

附录B　有机酸（乙酸、丙酸、丁酸）测定方法

（一）仪器与试剂

气相色谱仪与色谱数据处理机

离心机（0~4000rpm）

25% 偏磷酸：分析纯

15% 高碘酸：分析纯

有机酸标准液：乙酸、丙酸、丁酸均为色谱纯，乳酸为分析纯

（二）有机酸标准溶液

用 2℃蒸馏水配制下述 1~5 号浓度递增的有机酸标准溶液 (mg/mL)：

编　号	1	2	3	4	5
乙酸、丙酸、丁酸	0.01	0.03	0.05	0.07	0.09
乳　酸	0.02	0.06	0.10	0.14	0.18

（三）分析试样制备

准确称取剪碎的青贮饲料样品 25g (W) 于烧杯中，加入 150mL 2℃去离子蒸馏水，置于 2~3℃的冰箱中浸提 24h，然后过滤于 150mL (V) 容量瓶中，定容、摇匀；移提取液 5mL (V') 于 10mL 离心管并加入 1mL 25% 偏磷酸，静置 30min，在 3400rpm 状态下离心 10min，然后将上清液移入具塞试管内，用于上机分析。

（四）分析方法

色谱条件：氢火焰离子化检测仪 (FID)；2m × 3mm 不锈钢柱，内充 Porapak Q(50–100 目)；柱温 220℃，汽化室、检测器温度 260℃；流速：N_2=40/min，H_2=0.6kg/cm^2，空气 =0.4kg/cm^2；灵敏度 102 × 5；纸速 5mm/min。

步骤：用 10μL 注射器依次吸取 15% 的高碘酸 0.8μL、空气 0.4μL 和样品 2.0μL，直接注入色谱仪进行分析，记录各组分的峰面积。用峰面积对照标准溶液浓度作图，求出表示两者关系的标准曲线。

（五）计算方法

用外标准曲线法进行定量分析。样品处理时，以同样进样量测出各组分峰面积，从标准曲线上查出各组分的含量 (Pi%)，然后按下式计算青贮饲料鲜样中各有机酸的含量。各组的峰面积，用峰面积对照标准溶液浓度作图，求出表示两者关系的标准曲线。

$$\text{有机酸}(\%)=\frac{(V''+1)\times Pi\times V'}{W\times V}\times 100$$

式中，W 为试样重量 (g)，V 为试样提取液总量 (mL)，V' 为用于分析的提取液用量 (mL)，Pi 为在气相色谱仪上测出的各有机酸含量 (%)。

附录C NDF、ADF、ADL、CF的测定方法

（一）试剂与仪器

1. 试剂

（1）中性洗涤剂。准确称取18.6gEDTA分析纯和6.8g四硼酸钠分析纯放入1000mL烧杯中，加入适量蒸馏水，加热溶解。加入30g十二烷基硫酸钠分析纯和10mL乙二醇乙醚分析纯；再称取4.6g磷酸氢二钠分析纯；置于另一烧杯中，加入适量蒸馏水加热溶解后，倒入第一烧杯中，冷却后定容至1000mL。此溶液pH值为6.9~7.1（必要时可以调节）。

（2）1.00mol/L硫酸溶液。取27.87mL硫酸分析纯慢慢倒入内装500mL蒸馏水的烧杯中，冷却后定容到1000mL。必要时可标定。

（3）酸性洗涤剂。称取20g十六烷基三甲基溴化铵（TAB分析纯）溶于1000mL 1.00mol/L硫酸溶液中，搅拌溶解，必要时过滤。

（4）72%硫酸洗涤液。准确取666.0mL硫酸分析纯慢慢倒入内装300mL蒸馏水的烧杯内，注意不断搅拌和冷却，定容到1000mL。

（5）无水亚硫酸钠（分析纯）。

（6）丙酮（分析纯）。

（7）正辛醇（分析纯）。

（8）0.13mol/L硫酸溶液。吸取浓硫酸6.89mL，注入800mL水中，冷却后定容至1000mL

（9）0.23mol/L氢氧化钾溶液。称取12.9g氢氧化钾，定容于1000mL水中。

2. 仪器

（1）植物粉碎机或研钵。

（2）40目样品筛。

（3）感量0.0001g分析天平。

（4）专门化纤维分析仪。

（5）干燥器：干燥剂（变色硅胶）。

（6）50~200℃鼓风电热烘箱。

（7）高温炉。

（8）专用坩埚。

（二）操作步骤

（1）将坩埚浸泡于15%盐酸溶液中过夜。高温500℃灼烧3h后，待温度降至

100~120℃，取出于干燥器中冷却 30min，称重，记录坩埚质量。

（2）将样品风干、磨细、过 1mm 筛。封入样品袋，以备分析。

（3）若样品中脂肪和色素的含量> 10%。可先用 30mL 石油醚进行脱脂后再消煮。若样品中脂肪和色素含量小于 10% 一般可不脱脂，在丙酮洗涤后增加石油醚洗涤 2 次。

（4）如果样品中碳酸盐超过 50g/kg，加入 100mL 0.5mol/l 的盐酸，连续震摇 5min 抽滤，并用水洗至中性。

1. 中性洗涤纤维（NDF）的测定

用分析天平准确称取 0.5~1g 试样（精确至 0.0001g），置于已恒重的坩埚中，转移至纤维分析仪上，加入中性洗涤剂 100mL 0.5g 无水亚硫酸钠、1.0mL 高温淀粉酶和 2~4 滴正辛醇（消泡剂）。快速加热至沸腾（5min），保持微沸状态消煮 1h。

抽滤中性洗涤溶液，用热水洗至无中性洗涤溶液残留为止（水清后，再洗 3 次）。在冷浸提器上用 25mL 丙酮分 2~3 次洗涤，抽干。

将坩埚和残渣一同于 105℃烘箱烘干 5h（或 130℃烘干 2h），取出于干燥器中冷却 30min，称重。

2. 酸性洗涤纤维（ADF）的测定

直接将上面测过 NDF 的坩埚和残渣转移至纤维分析仪上（这样就不用再称样和使用新的坩埚），加入酸性洗涤剂 100mL 和 2~4 滴正辛醇（消泡剂）。快速加热至沸腾（5min），保持微沸状态消煮 1h。（也可以重新称样测定，步骤同 NDF，只是将试剂换为酸性洗涤剂）

抽滤酸性洗涤溶液，用热水洗至无酸性洗涤溶液残留为止（水清后，再洗 3 次）。在冷浸提器上用 25mL 丙酮分 2~3 次洗涤，抽干。

将坩埚和残渣一同于 105℃烘箱烘干 3~4h（或 130℃烘干 2h），取出于干燥器中冷却 30min，称重。

3. 酸性洗涤木质素（ADL）的测定

直接将上面测过 ADF 的坩埚和残渣放入搪瓷盘或 50mL 小烧杯中（这样就不用再称样和使用新的坩埚。也可以重新称样测定，步骤是先测定 ADF，然后步骤同下）加入 72%硫酸洗涤液 25mL，用小玻璃棒搅匀（玻璃棒不要取出）。当硫酸滤出后，可适当补加 72%硫酸洗涤液，浸泡 3 h。

立即抽干，用热蒸馏水洗至中性，在 105℃烘箱内烘干 3~4h，干燥器内冷却 30min，称量。

移入高温电阻炉 500℃灼烧 3h，待温度降至 100~120℃，取出于干燥器中冷却 30min，称重。

4. 粗纤维（CF）的测定

用分析天平准确称取 0.5~1g 试样（精确至 0.0001g），置于已恒重的坩埚中，转移至纤维分析仪上，加入 0.13mol/L 硫酸溶液 150mL 和 2~4 滴正辛醇（消泡剂）。快速加热至沸腾（5min），保持微沸状态消煮 30min 。

抽滤硫酸溶液，用热水洗至中性，抽干。加入 0.23mol/L 氢氧化钾溶液 150mL 和 2~4

滴正辛醇（消泡剂）。快速加热至沸腾（5min），保持微沸状态消煮 30min 。

立即抽干，用热蒸馏水洗至中性，在 105℃烘箱内烘干 3~4h，干燥器内冷却 30min，称量。再将坩埚于 500 ± 25℃下灰化，直至冷却后两次称量的差值不超过 2mg。

5. 结果分析

饲料中 NDF 和 ADF 的质量分数均可按下式计算：

$$W_1(\%)=\frac{m_1-m_0}{m}\times100$$

式中：W_1——NDF 或 ADF 的质量分数，%；

m_1——干燥后洗涤剩余物和滤纸的总质量，g；

m_0——滤纸的质量，g；

m——试样质量，g；

酸洗木质素（ADL）的计算可按下式计算其质量分数（%）：

$$W_2(\%)=\frac{m_2-m_3}{m}\times100$$

式中：W_2——酸性洗涤木质素质量分数，%；

m_2——72%硫酸洗涤剩余物干燥后的质量，g；

m_3——灼烧残渣质量，g；

m——称取的试样质量，g；。

饲料中 CF 的质量分数可按下式计算：

$$W_3(\%)=\frac{m_4-m_5}{m}\times100$$

式中：W_3——粗纤维（CF）的质量分数，%；

m_4——干燥后酸洗和碱洗剩余物质的质量，g；

m_5——灼烧残渣质量，g；

m——称取的试样质量，g；。

6. 注意事项

如果饲料（尤其是精料玉米、麦麸等）中淀粉含量很高会导致抽滤困难，这时向浸提管中滴加两滴淀粉酶，反应 2min 后再抽滤。

当样品淀粉含量很高又没有淀粉酶的情况下，先在坩埚中加入 1.0g（称准至 0.0001g）硅藻土，再称入样品，上机测定（步骤同上），同时做硅藻土的空白试验。

消煮时要防止产生大量气泡溢出或将样品黏附于烧杯壁上，要始终保持微沸状态，保证消煮过程中洗涤剂浓度不变。

仪器的使用步骤参见相关使用说明书。

十六烷基三甲基溴化铵对操作人员黏膜有刺激，需戴口罩；丙酮是高挥发可燃试剂，进入烘箱干燥前，确保其挥发干。

附录D　淀粉测定方法（GB/T5009.9-2008 酶水解法）

1. 试剂

（1）0.5%淀粉酶溶液。称取淀粉酶0.5g，加100mL水溶解，数滴甲苯或三氯甲烷，防止长霉，贮于冰箱中。

（2）碘溶液。称取3.6g碘化钾溶于20mL水中，加入1.3g碘，溶解后加水稀释至100mL。

（3）乙醚。

（4）85%乙醇。

（5）6N盐酸。量取50mL盐酸加水稀释至100mL。

（6）甲基红指示液。0.1%乙醇溶液。

（7）20%氢氧化钠溶液。

（8）碱性酒石酸铜溶液（甲液）。称取34.639g硫酸铜（$CuSO_4 \cdot 5H_2O$）。加适量水溶解，加0.5mL硫酸，再加水稀释至500mL，用精制石棉过滤。

（9）碱性酒石酸铜乙液。称取173g酒石酸钾钠与50g氢氧化钠，加适量水溶解，并稀释至500mL，用精制石棉过滤，贮存于橡胶塞玻璃瓶内。

（10）0.1000N高锰酸钾标准溶液。

（11）硫酸铁溶液。称取50g硫酸铁，加入200mL水溶解后，加入100mL硫酸，冷却后加水稀释至1000mL。

2. 样品处理

称取2~5g样品，置于放有折叠滤纸的漏斗内，用约100mL 85%乙醇洗去可溶性糖类，将残留物移入250mL烧杯内，并用50mL水洗滤纸及漏斗，洗液并入烧杯内，将烧杯置沸水浴上加热15min，使淀粉糊化，放冷至60℃以下，加20mL淀粉酶溶液，在55~60℃保温1h，并时时搅拌。然后取1滴此液加1滴溶液，应不显现蓝色，若显蓝色，再加热糊化并加20mL淀粉酶溶液，继续保温，直至加碘不显蓝色为止。加热至沸，冷却后移入250mL容量瓶中，并加水至刻度，混匀，过滤，弃去初滤液。取50mL滤液，置于250mL锥形瓶中，并加水至刻度，沸水浴中回流1h，冷后加2滴甲基红指示液，用20%氢氧化钠溶液中和至中性，溶液转入100mL容量瓶中，洗涤锥形瓶，洗液并人100mL容量瓶中，加水至刻度，混匀备用。

3. 测定

吸取50mL处理后的样品溶液，于400mL烧杯内，加入25mL甲液及25mL乙液，于烧杯上盖一表面皿，加热，控制在 4min 内沸腾，再准确煮沸 2min，趁热用铺好石棉的古氏坩埚或 c4 垂融坩埚抽滤，并用 60℃热水洗涤烧杯及沉淀，至洗液不呈碱性为止。将古氏坩埚或垂融坩埚放回原 400mL 烧杯中，加 25mL 硫酸铁溶液及 25mL 水，用玻棒搅拌使氧化亚铜完全溶解，以 0.1000N 高锰酸钾标准溶液滴定至微红色为终点。

同时量取 50mL 水及与样品处理时相同量的淀粉酶溶液，按同一方法做试剂空白实验。

计算：$X_1=[(A_1-A_2)\times 0.9]/(m_1\times 50/250\times V_1/100\times 1000)\times 100$

X_1：样品中淀粉的含量，%；

A_1：测定用样品中还原糖的含量，mg；

A_2：试剂空白中还原糖的含量，mg；

0.9：还原糖（以葡萄糖计）换算成淀粉的换算系数；

m_1：称取样品质量，g；

V_1：测定用样品处理液的体积，mL。

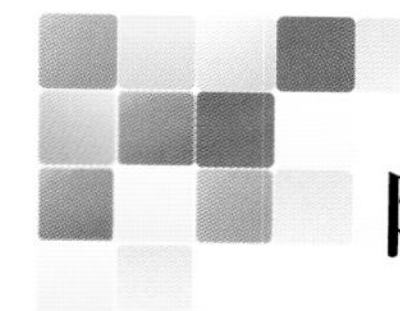

附录E　粗蛋白测定方法——凯氏法

一、试剂和仪器

1. 试剂

（1）分析纯98%无氮浓硫酸。

（2）催化剂。硫酸铜和硫酸钾以1∶9（m:m）的比例配制（或商业公司成品催化剂）。

（3）400g/L氢氧化钠溶液。

（4）0.1mol/L盐酸标准溶液。量取8.3mL优级纯盐酸定容至1000mL水中。

（5）盐酸浓度的标定。称取已恒重（270~300℃，2h）的无水碳酸钠0.2g（精确至0.0001g）溶于50mL水，加入10滴混合指示剂，用新配制好的盐酸滴定至紫红色，煮沸2min冷却后继续滴定至暗红色，消耗盐酸体积记为V_1（保留小数点后两位）。同时做空白实验，消耗盐酸体积记为V_0。

$$c=\frac{m}{(V_1-V_0)\times 0.05299}$$（结果保留小数点后四位）

（6）混合指示剂。1.0 g/L甲基红乙醇溶液与等体积5.0 g/L溴甲酚绿乙醇溶液混合。

（7）磷酸二氢铵（参比物）或硫酸铵。

（8）硼酸吸收液。1000mL 10.0g/L硼酸溶液溶液中，加入1.0g/L甲基红—乙醇溶液7mL，1.0g/L溴甲酚绿—乙醇溶液10mL。

2. 仪器

（1）实验室用样品粉碎机或研钵。

（2）40目的分析筛。

（3）感量0.0001g的分析天平。

（4）消煮炉或电炉。

（5）250mL消煮管。

（6）定氮仪。

二、操作步骤

1. 试样的选取和制备

取有代表性试样用四分法缩减至200g，粉碎过40目筛，装入密封容器中，防止试样成分的变化或变质。液体或膏状黏液试样应注意取样的代表性。用干净的、可放入凯氏烧瓶或消化管的玻璃容器量取。

2. 试样的消化

称取0.2~0.5g试样，准确至0.0001g，移入凯氏烧瓶或消化管中，加入1颗成品催化剂（或2g自配催化剂），再加10mL浓硫酸。放置通风厨里的消煮炉上，由低温升至420℃消化3h，直至溶液亮绿澄清无黑色颗粒。每批同时做两个试剂空白（除不加样品外，加入1颗成品催化剂，再加10mL浓硫酸，加热消化）。

3. 测定

将消化好的样品溶液放置在全自动定氮仪上参见定氮仪操作规程测定。

三、结果计算

测定结果按下式进行计算：

$$w=\frac{(V_1-V_0)\times c\times 0.0140\times 6.25}{m}$$

式中：w—粗蛋白的含量，g；c—盐酸标准溶液浓度，mol/L；m—试样质量，g；V_1—滴定试样时所需盐酸标准溶液体积，mL；V_0——空白滴定所需盐酸标准滴定溶液体积，mL；0.0140—与1.00 mL盐酸标准滴定溶液相当的，以g表示的氮的质量；6.25—氮换算成蛋白质的平均系数（乳制品为6.38）。

四、注意事项

该方法的质控样品选用磷酸二氢铵或硫酸铵，称取0.1000g，代替样品测定其含氮和蛋白质的量，并与标称值比较，误差应在标准范围内。

如果使用自配的催化剂，每管放置2g。

重复性。每个试样取两个平行样进行测定，以其算术平均值为结果。粗蛋白含量在10%以下，允许相对偏差为3%。粗蛋白含量在10%以上时，允许相对偏差为不大于2%。

消化管比较昂贵，请轻拿轻放。

附录F　青贮微生物的分离培养及活菌计数

一、培养基及培养条件

1. MRS-（乳酸菌）

成分（L/g）	
蛋白胨	10.0
牛肉浸粉	10
酵母浸粉	5.0
葡萄糖	20.0
磷酸氢二钾	2.0
柠檬酸氢二铵	2.0
乙酸钠	5.0
硫酸镁	0.2
硫酸锰	0.04
琼脂	15
吐温 80	1.0
pH 值 6.5 ± 0.2	
培养条件：30℃，厌氧条件下培养 48 h	

2. 马铃薯葡萄糖琼脂（PDA）-（酵母和真菌）

成分（L/g）	
马铃薯粉	6.0
葡萄糖	20.0
琼脂	15.0
pH 值 5.6 ± 0.2	
培养条件：30℃，有氧条件下培养 48 h	

3. 蓝光肉汤琼脂培养基（BLB）–（肠杆菌）

成分（L/g）	
蛋白胨	5
NaCl	5
丙酮酸钠	1
磷酸二氢钾	1
磷酸氢二钾	4
硝酸钾	1
月桂硫酸酯钠	0.1
X–GAL	0.1
MUG	0.1
琼脂	15.0
pH 值 7.1 ± 0.2	
培养条件：30℃，有氧条件下培养 48 h	

4. 强化梭菌鉴别琼脂（DRCA）–（梭菌）

成分（L/g）	
牛肉浸粉	8
胰酪蛋白胨	5
蛋白胨	5
酵母粉	1
葡萄糖	1
可溶性淀粉	1
醋酸钠	5
L– 半胱氨酸盐酸盐	0.5
柠檬酸铁铵	0.5
亚硫酸钠	0.75
刃天青	0.002
琼脂	15
pH 值 7.6 ± 0.2	
培养条件：30℃，有氧条件下培养 48 h	

二、青贮微生物活菌计数具体操作步骤

准确称取3g青贮饲料样于30mL无菌生理盐水中，15min后取上清液，准备进行稀释涂布。

将6个EP管灭菌分别加入900μL的无菌生理盐水，并按10^2到10^6的顺序进行编号。

用移液枪吸取100μL上清液，注入10^2倍稀释的EP管中，用移液枪吹吸三次，使菌液与水充分混匀。

从10^1倍稀释的试管中吸取100μL稀释液，注入10^3倍稀释的试管中，重复第二步的混匀操作。以此类推，直到完成最后一支试管的稀释。取少量稀释好的溶液100μL，滴加到培养基表面，将沾有少量酒精的涂布器在火焰上引燃，待酒精燃尽后，冷却8~10s，用涂布器将菌液均匀地涂布在培养基表面，涂布时可转动培养皿，使菌液分布均匀。

选取适合稀释倍数的平板（菌落数为30~300为宜）。

对每个平板上的菌落计数，计算每克饲料样中各类微生物的数量。公式如下：菌体数量cfu/g=同一稀释度重复的菌落平均数 × 稀释倍数。

三、注意事项

移液枪的枪头需要经过灭菌。操作时应在超净台内完成。

若所有稀释度的平均数均不在30~300之间，则以最接近30或300的平均菌落数进行计算。

附录 G　变性梯度凝胶电泳（DGGE）法的操作步骤

一、DNA 提取

称量约 40g 青贮饲料样溶于灭菌洗脱液（0.9%NaCl + 0.1% 吐温 80）中，震荡 15~30s，以转速为 120rpm 下混匀 2h，将其上清液用 4 层纱布过滤，得到清液，1 000rmp 离心 15min，取其沉淀。

采用 Fast DNA™ SPN Kit for Soil 试剂盒提取步骤 1 中沉淀的微生物总基因组 DNA；（详细操作步骤见试剂盒操作说明书）。

二、16S rDNA 片段扩增

1. 细菌通用引物

EμB-968Gc for：5□-CGC CCG GGG CGC GCC CCG GGC GGG GCG GGG GCA GGG GAA CGC GAA GAA CCTTAC-3□

EμB-L1401 rev：5□-CGG TGT GTA CAA GAC CC-3□

2. 反应体系

dNTP	0.5 μL
PCR 缓冲液	5 μL
ddH_2O	37.75 μL
引物 968 Gc for	1 μL
引物 L1401 rev	1 μL
Taq DNA 聚合酶	0.25 μL
样品 DNA	1 μL

3. 反应条件

（1）模板热变性 5min 94℃。

（2）模板热变性 10s 94℃。

（3）退火（复性）20s 56℃，35 个循环。

（4）延伸 40s 68℃。

（5）延伸（post-elongation）7min 68℃。

三、变性梯度凝胶电泳（DGGE）

1. 实验试剂及配置

（1）变性贮存液 100%，8%PAG 500mL（适用于原虫、细菌）。100mL 40% 丙烯酰胺/双丙烯酰胺（37.5∶1）；200mL 甲酰胺；5mL 50×TAE 缓冲液；10mL 甘油；210.8g 尿素。37 ℃水浴中搅拌，溶解，加入双蒸水至 500mL，室温暗处保存。

（2）变性贮存液 0%，8% PAG 500mL。100mL 40% 丙烯酰胺/双丙烯酰胺（37.5∶1）；5mL 50×TAE 缓冲液；10mL 甘油。加入双蒸水至 500mL，室温暗处保存。

（3）变性贮存液 100%，6%PAG 500mL（适用于古菌）。75mL 40% 丙烯酰胺/双丙烯酰胺（37.5∶1）；200mL 甲酰胺；5mL 50×TAE 缓冲液；10mL 甘油；210.8g 尿素。37℃水浴中搅拌，溶解，加入双蒸水至 500mL，室温暗处保存。

（4）变性贮存液 0%，6% PAG 500mL。75mL 40% 丙烯酰胺/双丙烯酰胺（37.5∶1）；5mL 50×TAE 缓冲液；10mL 甘油。加入双蒸水至 500mL，室温暗处保存。

（5）50×TAE 缓冲液 1000mL。242 g Tris- 碱；57.1mL 冰醋酸；100mL 0.5 M EDTA（pH 值 8.0）。加入双蒸水至 1000 mL。

（6）Cairns´ 8× 固定液。200mL 96% 乙醇；10mL 乙酸；40mL 双蒸水。

（7）10mL DGGE 加样缓冲液。0.25mL 2%溴酚蓝；0.25mL 2%二甲苯青；7mL 100% 甘油；2.5mL 超纯水。

（8）银染溶液。0.4g $AgNO_3$；+200mL 1 × Cairns´ 固定液。

（9）显影剂。少量 $NaBH_4$；250mL 1.5% NaOH；750μL 甲醛。

（10）Cairns´ 保存液。250mL 96% 乙醇；100mL 甘油；650mL 双蒸水。

2. 操作步骤

（1）封槽。

a. 用 95 % 乙醇擦净清洗一大，一小两块玻璃板，干燥；

b. 用 95 % 乙醇清洗两个间隔条，并将其置于大块玻璃板两侧边缘，外边缘与玻璃板边缘相齐；

c. 将小块玻璃板置于间隔条上，对齐，并用夹子固定这个“sandwich”。

（2）胶的制备。用不同体积的两种变性剂和丙烯酰胺贮存液配置变性剂要求浓度的胶。经验上讲，胶的体积以刚好覆盖胶板为宜。本实验采用 50% 和 30% 的变性剂浓度溶液。

配制方法：

梯度	0%	100%	总体积
0%	7mL	0	7mL
30%	7.7mL	3.3mL	11mL
50%	5.5mL	5.5mL	11mL

a. 清洗梯度合成器并使之干燥，并关掉两个槽之间的活栓；

b. 干燥梯度合成器的槽；

c. 分别向两个浓度的变性剂溶液中加 4.5μL/mL 10% APS 和 1μL/mL 的 TEMED，搅拌均匀；

d. 把高浓度变性剂溶液加到梯度合成器右边的槽中，低浓度变性剂溶液加到梯度合成器左边槽中；

e. 打开梯度合成器的开关，以及两槽之间的活栓；

f. 将连接梯度合成器的出口针头置于胶板之间并固定；

g. 打开梯度合成器出口开关，形成的梯度分离胶即注入两层玻璃板之间。应注意在灌胶期间，两槽内的溶液应处于搅拌状态，尤其是高浓度溶液的槽更应搅拌。在混合和灌胶时应避免产生气泡；

h. 分离胶灌完后，拿到针头，将其置于一个锥形瓶中，并停止搅拌；

i. 冲洗梯度合成器的两个槽，打开泵，排出其中水分；

j. 在浓缩胶中加入 10% APS ；

k. 关掉梯度合成器两槽之间的活栓，并将浓缩胶注入右边的槽中；

l. 打开梯度合成器的泵，保持一定流速（3mL/min）将浓缩胶灌入两层的玻璃板之间；

m. 浓缩胶充满后，在其顶部插入梳子（避免产生气泡），放置 1h。

（3）电泳。

a. 在电泳槽中添加新配制的电泳缓冲液，打开电泳仪预热 90 min，以使电泳缓冲液的温度达到 60 ℃ ；

b. 取下梳子，用蒸馏水轻洗没有凝聚的胶，并将 sandwich 固定在电泳槽内；

c. 调节缓冲液的高度，使其刚刚超过胶上的加样孔；

d. 用缓冲液轻洗加样孔（注射器及针头），向胶顶部的加样孔中加入 PCR 的产物；

e. 盖上电泳仪的盖子，打开开关，电泳 220V，10min，随后 60V，16h。

（4）染色。

a. 电泳完成后将胶取出置于一个干净的不锈钢或塑料容器中；

b. 加入 200mL 1 × 固定液，摇 3min，将固定液倒入在容器中（后面操作使用）；

c. 添加 200mL 银染溶液在摇床上摇 5min ；

d. 弃去银染溶液，用蒸馏水轻洗胶及容器；

e. 添加新鲜蒸馏水，摇 1~2min ；

f. 弃去蒸馏水，添加少量显影溶液，摇一会儿，直至出现清晰条带为止；

g. 弃去显影溶液，加入使用过的 1 × 固定液，摇 5min ；

h. 弃去固定液，加入蒸馏水摇 2min，后弃去蒸馏水；

i. 取出胶并置于一个洁净的玻璃板上，干燥，照相；

j. 得到的 DGGE 图谱中每一个条带代表某个微生物优势菌群，通过与对照组图谱分析可以知道菌群之间的差异；通过测序和序列比对，可以得到各个样品中优势菌群的种类。

附录H　饲料中黄曲霉毒素 B_1 的测定 胶体金法（NY/T2550-2004）

一、原理

饲料中黄曲霉毒素 B1 在层析过程中与胶体金标记的特异性抗体结合，抑制了抗体和硝酸纤维素膜检测线上黄曲霉毒素 B1-BSA 偶联物的免疫反应，使检测线颜色变浅，通过检测颜色变化进行测定。

二、试剂

除非另有规定，仅使用分析纯试剂：

水，按照 GB/T6682 中的要求，二级。

蔗糖（$C_{12}H_{22}O_{11}$）。

牛血清白蛋白（BSA），纯度大于 98%。

吐温 -20（$C_{58}H_{114}O_{26}$）。

70% 甲醇溶液：取 70.0mL 甲醇（CH_3OH），加水 30.0mL，混匀。

样品稀释液：取 1.0mL 蔗糖、0.5g 牛血清白蛋白和 2.5g 吐温 -20 溶解于 100.0mL 水中。

1000ng/mL 黄曲霉毒素 B_1 标准溶液。

100ng/mL 黄曲霉毒素 B_1 标准储备液：准确吸取黄曲霉毒素 B_1 标准溶液 1.0mL，于 10mL 容量瓶中，甲醇定容。4℃保存 3 个月。

安全提示：

由于黄曲霉毒素毒性很强，试验人员需注意自我防护。操作时，应避免吸入、接触黄曲霉毒素标准溶液，标准溶液配制应在通风橱内进行，工作时应戴眼镜、穿工作服、戴医用乳胶手套。凡接触黄曲霉毒素的容器，需浸入 10% 次氯酸钠溶液 12h 以上。同时，为了降低接触黄曲霉毒素的机会，鼓励直接购买并使用黄曲霉毒素的有证标准储备液。

三、仪器设备

光谱成像检测仪或者胶体金层析检测仪：图像分辨率由于 2048 × 1532dpi。

分析天平：感量 0.1g。

分样筛：20 目。

均质机：转速≥ 20000 r/min。

漩涡混合器。

恒温装置：(37.0 ± 2℃)。

微量移液器：1~10μL，10~100μL，100~1000μL。

黄曲霉毒素 B_1 胶体金层析装置图，固定黄曲霉毒素 B_1–BSA 偶联物，检测灵敏度不低于 0.31 μg/kg，用于样品中黄曲霉及黄曲霉毒素 B_1–BSA 偶联物与胶体金标记抗体反应的载体。黄曲霉毒素 B_1–BSA 偶联率为（1:5）~（1:20）(BSA:AFB_1)。

样品垫：玻璃纤维、聚酯纤维或纸质薄片。

硝酸纤维膜：4cm 毛细时间不小于 135s。

金标垫：附着有 5μL 胶体金标记的黄曲霉毒素 B_1 抗体。

吸水纸。底板。连接胶带。中速定性滤纸。净化柱：3mL 硅胶 SPE 柱。

四、分析步骤

（一）试样制备

样品粉碎至全部通过分级筛，充分混合。

（二）前处理和空白基质溶液制备

1. 前处理

准确称取 25.0 g 试验置于烧杯中，准确加入 100mL 甲醇溶液（2.6），用均质机（3.4）在 20000r/min 条件下提取 2min，静置 1min，中速定性滤纸（3.9）过滤，收集滤液，取 2.0mL 滤液过净化柱（3.10），收集净化液。用稀释液（2.7）稀释净化液至黄曲霉毒素 B_1 胶体金免疫层析装置（3.8）检测范围内，漩涡混合器（3.5）混匀，备用。

2. 空白基质溶液制备

取阴性样品，按 4.2.1 制备空白基质溶液，备用。

（三）恒温反应

取 100μL 稀释后的净化液（4.2.1）加入与黄曲霉毒素 B_1 胶体金免疫层析装置（3.8）内，恒温装置（3.6）反应 10min。

（四）上机（3.1）检测

（五）标准曲线

分别准确吸取黄曲霉毒素 B1 标准准备液（2.9）0.000mL、0.001mL、0.005mL、0.010mL、0.020mL、0.050mL、0.100mL、0.150mL 与 10mL 容量瓶中，用空白基质溶液（4.1.2）定容，分别相当于 0.00ng/mL、0.01ng/mL、0.05ng/mL、0.10ng/mL、0.20 ng/mL、0.50ng/mL、1.00ng/mL、1.50ng/mL 浓度标准工作溶液。由低到高进行（4.3、4.4）检

测，根据检测线 T 信号值与质控线 C 信号值的比值（T/C）和标准工作溶液浓度的对数值（logc）建立黄曲霉毒素 B_1 标准曲线。

五、结果计算

（一）胶体金免疫层析装置有效确认

黄曲霉毒素 B_1 胶体金免疫层析装置质控线出现红色条带，视为胶体金免疫层析装置有效，可用目测法或者光谱成像检测仪或胶体金免疫层析检测仪（3.1）测定结果；如果胶体金免疫层析装置线不出现红色条带、弥散或者严重不均匀，视为胶体金免疫层析装置失效，需要重新检测。

（二）目测法

黄曲霉毒素 B_1 胶体金免疫层析装置中检测线出现红色条带，表示样品中黄曲霉毒素 B_1 含量小于其限量值，判定为阴性；黄曲霉毒素胶体金免疫层析装置中检测线未出现红色条带，表示样品中黄曲霉毒素 B_1 含量大于其限定值，判定为阳性。

（三）仪器法结果计算与表示

试样中黄曲霉毒素 B_1 含量及质量分数 X 计，数值以微克每千克（μg/kg）表示，按式（1）计算。

ρ——从标准曲线上查得的测定液中黄曲霉毒素 B_1 含量的数值，单位为纳克每毫升（ng/mL）；

V——样品测定液体积的数值，单位是毫升（mL）；

n——试样稀释倍数的数值；

m——试样质量的数值，单位为克（g）。

计算结果保留到小数点后一位。

六、精密度

（一）重复性

采用仪器法测定，在重复性条件下，黄曲霉毒素 B_1 含量不大于 10.0μg/kg 时，两次独立测定结果的相对误差不超过 20%；黄曲霉毒素 B_1 含量大于 10.0μg/kg 时，两次独立测定结果的相对误差不超过 15%。

（二）再现性

采用仪器法测定，在再现性条件下，黄曲霉毒素 B_1 含量不大于 10.0μg/kg 时，两次独立测定结果的相对误差不超过 30%；黄曲霉毒素 B_1 含量大于 10.0μg/kg 时，两次独立测定结果的相对误差不超过 20%。

附录Ⅰ　消化率评定

一、体外瘤胃消化率评定

体外模拟瘤胃发酵法是通过选择和配制合适的厌氧培养基，以瘤胃液为接种物，研究待测饲料的体外干物质消化率、体外发酵产气量、挥发性脂肪酸（VFA）产生量和微生物蛋白质产生量等发酵特性，从而间接地评价饲料的降解特性和营养价值（任莹，2009；薛红枫，2010；于秀芳，2008）。

（一）原理

AGRS–III 微生物发酵微量产气自动记录仪是基于微差压传感与数据采集微电子技术研制与开发的精密仪器装置。青贮样品接种瘤胃液后，在发酵容器中产生的气体通过一个三通分为两路，一路连接于该发酵容器对应的常闭式电磁阀，另一路连接与该发酵容器对应的压差开关，在完成发酵瓶连接后，通过与电脑连接的测控软件实时准确记录发酵微量产气变化，并在线实时监测厌氧微生物发酵曲线。在发酵 48h 或 72h 结束后，本装置通过微生物厌氧发酵产气量与产气速率等动力学变化评价饲料营养价值（如通过发酵产气量估测饲料样品的代谢能值和净能值等）。此外，利用发酵后留下的残渣可进一步评估饲料养分体外干物质消化率、NDF 和 ADF 体外瘤胃消化率。

（二）仪器与设备

1. 粉碎设备

能将样品粉碎，使其能够完全通过孔径为 18 目的筛。

2. 分析天平

感量 0.0001 mg。

3. 干燥器

用氯化钙或变色硅胶为干燥剂。

4. 电热鼓风干燥箱

可控温度在（130 ± 2）℃。

5. 发酵瓶

120 mL 亨氏厌氧发酵瓶（含特制螺盖与白色儿丁质胶塞）。

6. AGRS-Ⅲ 型微生物发酵产气自动记录仪

AGRS-Ⅲ 微生物发酵微量产气自动记录仪装置部件主要包括：① SPX-328 智能型生化培养箱 1 台；② 安装有 Windows XP 操作系统与 AGRS 数据采集卡的工控计算机 1 台 ③ 16 通路微量产气记录单元 4 台；④ 120mL 厌氧发酵瓶 64 个；⑤ AGRS 实时监控系统软件 1 套；⑥ 220v 交流电转换为 24v 直流电源单元 1 台。

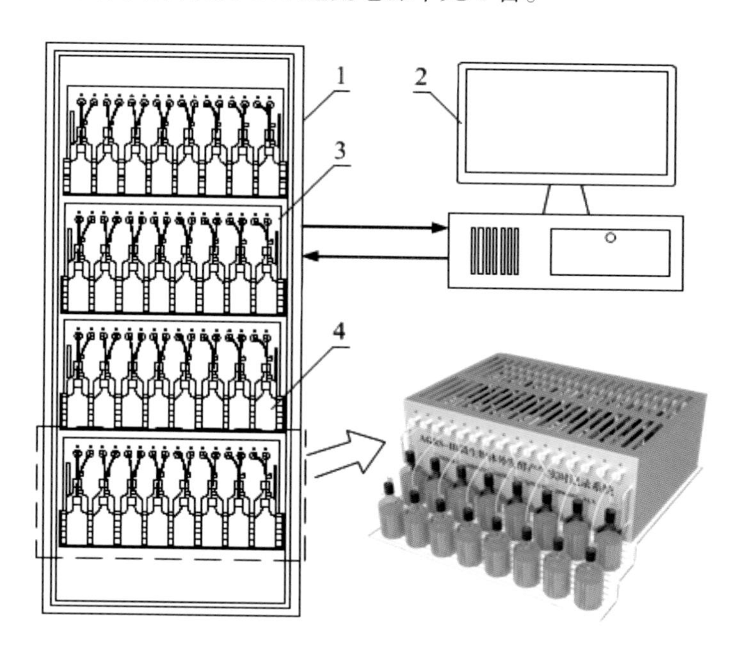

该记录仪可实时检测 64 个发酵容器中微生物发酵产气量；单次响应最小气量记录精度为 0.05mL，与大气压相比各气路通道最大耐受差压为 5.0kPa；软件人机界面操作简单，具有自动气路检漏测试功能，以标准 EXCEL 文件格式输出数据；整套装置最大用电功率 500 W。

（三）缓冲液配制

参照表 1 进行缓冲液配制。其中溶液 A 为微量元素溶液，包括 13.2g $CaCl_2 \cdot 2H_2O$，10.0g $MnCl_2 \cdot 4H_2O$，1.0g $CoCl_2 \cdot 6H_2O$，8g $FeCL_2 \cdot 6H_2O$，蒸馏水定容至 100mL；溶液 B 为人工唾液，包括 35g $NaHCO_3$，4g NH_4HCO_3，蒸馏水定容至 1000mL；常量元素 C 溶液，包括 5.7g Na_2HPO_4，6.2g KH_2PO_4，0.6g $MgSO_4 \cdot 7H_2O$，蒸馏水定容至 1000mL；0.1%（w/v）刃天青溶液：称取 100 mg 刃天青，定容至 100mL；还原剂溶液：称取 625mg $Na_2S \cdot 9H_2O$，加入 4.0mL 浓度为 1.0M 的 NaOH 溶液，加蒸馏水定容至 100mL。

表 1　不同体积缓冲液配制组分溶液顺序与添加比例

加液顺序	组分溶液	配制 1	配制 2	配制 3	配制 4	配制 5	配制 6
1	蒸馏水（mL）	400	800	1200	1600	2000	2400
2	微量元素溶液 A（mL）	0.1	0.2	0.3	0.4	0.5	0.6
3	人工唾液 B（mL）	200	400	600	800	1000	1200
4	常量元素溶液 C（mL）	200	400	600	800	1000	1200
5	刃天青溶液 D(mL）	1	2	3	4	5	6
6	还原剂溶液（mL）	40	80	120	160	200	240
	合计（mL）	841.1	1682.2	2523.3	3364.4	4205.5	5046.6

建议试验开始前 12h 内完成缓冲液配制。若连续开展多批次试验，可将事先配制好的缓冲液组分溶液 A、刃天青溶液 D 置于 4℃冰箱保存备用。其他溶液务必在试验开始前 12h 内现配现用。配制还原剂溶液所用到的硫化钠易见光分解，必须避光保存，否则会因被氧化最后配制出的缓冲液会出现混浊，颜色加深并出现浅褐色，不宜使用

（四）测定步骤

1. 样品制备

用粉碎设备将风干青贮样品粉碎，过 2mm 孔径筛。

2. 底物称取

对发酵瓶编号，按瘤胃液接种顺序从 1、2、3、……、64 编号。使用万分之一精度分析天平向每个发酵瓶中称取待测底物 500mg（粉碎粒≤ 1mm），并将实际称量值记录至 AGRS 电脑软件系统中。

3. 瘤胃液采集

在晨饲前 1h，经瘤胃瘘管采集 3 头或 3 头以上牛或羊的瘤胃液，经 4 层纱布滤入保温瓶中（保温瓶内事先装有 39℃的热水进行预热），混匀后立即密封带回实验室，置于 39℃恒温水浴中，在液面上方通入 CO_2，直至瘤胃液接种完毕。

4. 加注缓冲液

缓冲液配制后，正常情况下，加入刃天青后，混合液呈现蓝色。在 39℃水浴加热的同时，缓慢持续通入 CO_2 气体约 30min，混合液颜色由蓝色转为粉红色，最后变为无色为止（pH 值≈ 6.85），测定并记录实测 pH 值。配制好的缓冲液应置于深色避光容器加盖密封保存，不宜长期搁置于敞口烧杯等容器与空气长期接触。使用 100mL 溶液分配器或 100mL 医用注射器将 50mL 或 60mL 缓冲液分装至装有待测饲料底物的 120mL 亨氏厌氧发酵瓶中。

5. 接种瘤胃液

向每个发酵瓶中加入经四层纱布过滤后的瘤胃液 25mL 或 30mL，记录好接种顺序。

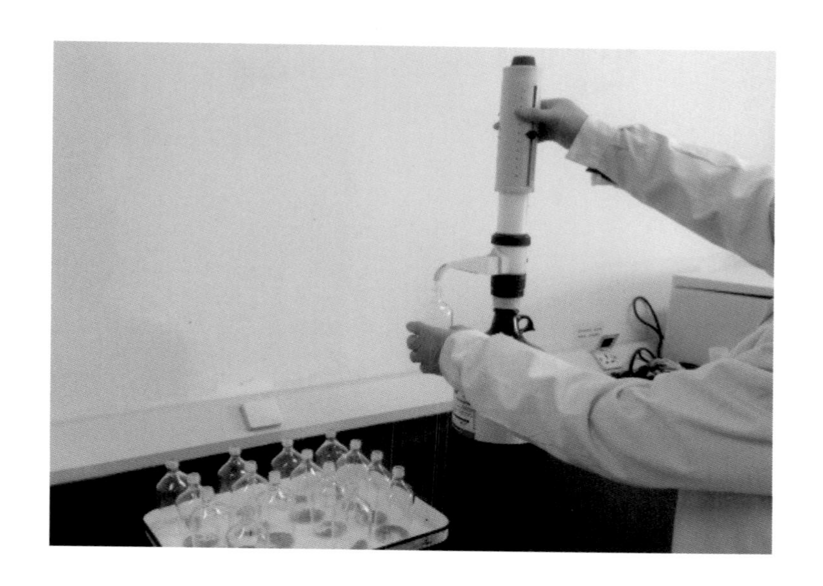

6. 通入 CO_2

在每个发酵瓶口通入 CO_2 或 N_2 气体 2~3s，置换出瓶内空气后，加上几丁质胶塞，轻轻上紧螺盖。

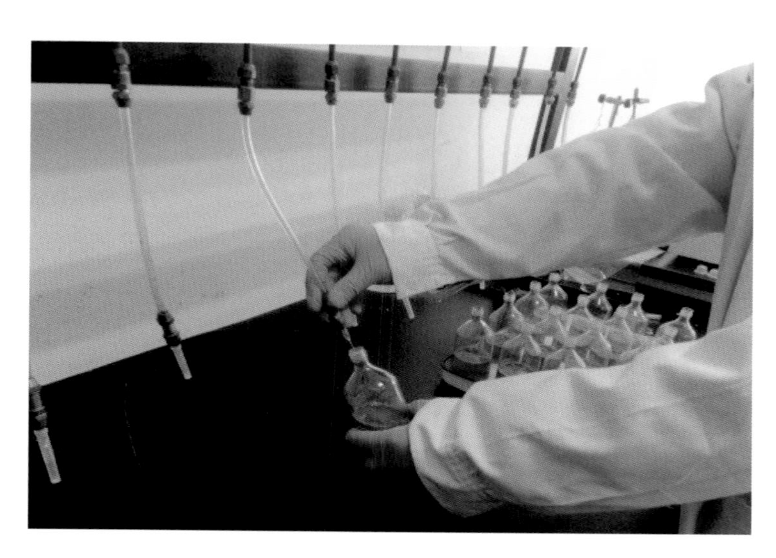

7. 气路连接

将一静脉输液针（口径 0.7mm，长 25mm）插入瓶内后，与 AGRS 系统装置对应编号的通道气路接口连接后，进行微生物发酵实时产气量自动记录。

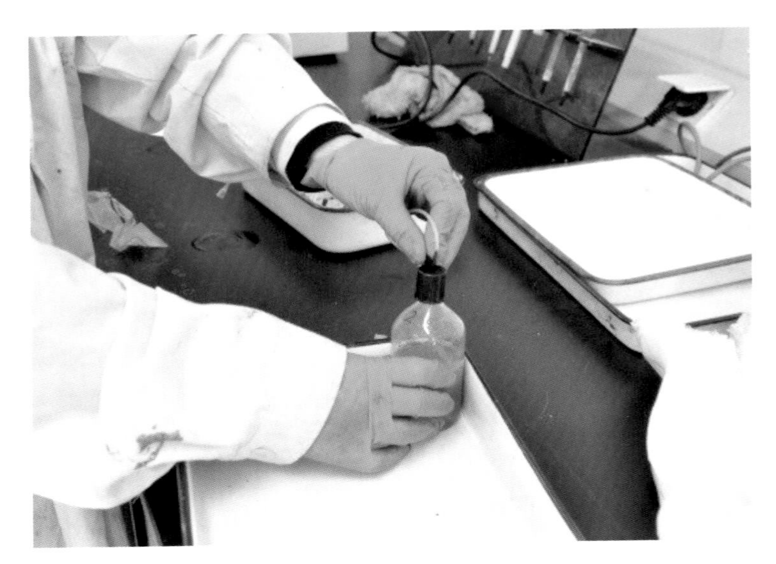

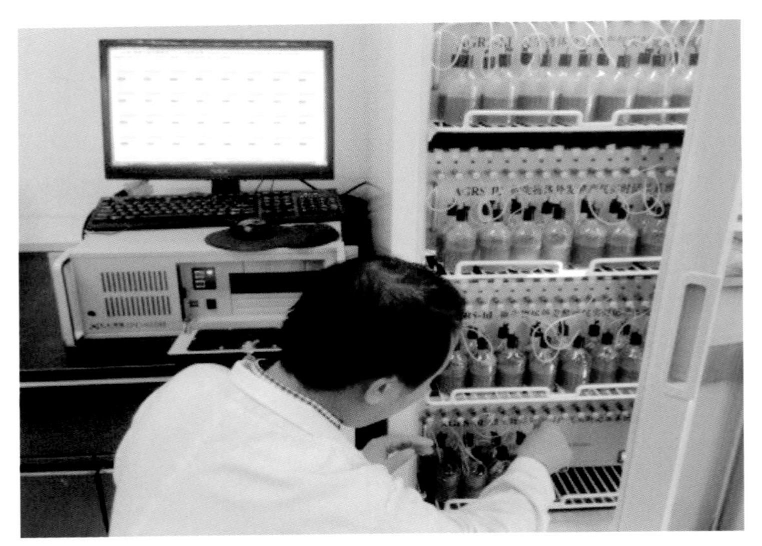

8. 终止发酵，导出数据

根据不同试验设计要求，可选择不同的累计发酵时间（24h、48h、72h）进行终止发酵。将发酵瓶上的气路连接输液针头取下后，将所取出的所有发酵瓶置于冰水中（冰水量以发酵瓶不出现漂浮为宜），终止发酵。

终止发酵试验数据采集后，将 AGRS-Ⅲ微生物发酵微量产气自动记录仪中的发酵产气数据（GP）导入 EXCEL 文件中。

9. 样品采集

将发酵瓶中所有内容物，轻轻摇匀后，导入孔径为 250 目的已知重量的坩埚滤器中。① 底物发酵残渣连同坩埚，用自来水进行漂洗，直至漂洗水至无色，取出置于电热鼓风干燥箱中烘干至恒重（65℃约 72h 或 80℃约 48h 为宜），取出置于干燥器冷却至室温后立即称重。采用差减法计算发酵后干物质消化率（IVDMD），发酵残渣还可用于 NDF 与 ADF（测定方法见附录 C）的消化率测定。② 收集滤液可进行发酵液的 pH 值、氨态氮、VFA 等的测定。

（五）消化率与能值

差减法计算青贮样品某时间点的体外干物质消化率（IVDMD）、体外 NDF 消化率（IVDNDF）和体外 ADF 消化率（IVDADF）：

$$IVDMD(\%)=\frac{\text{饲料 DM 质量 (g)}-\text{残渣 DM 质量 (g)}}{\text{饲料 DM 质量 (g)}}\times 100\text{；}$$

$$IVNDFD(\%)=\frac{\text{饲料 NDF 质量 (g)}-\text{残渣 NDF 质量 (g)}}{\text{饲料 NDF 质量 (g)}}\text{；}$$

$$IVADFD(\%)=\frac{\text{饲料 ADF 质量 (g)}-\text{残渣 ADF 质量 (g)}}{\text{饲料 ADF 质量 (g)}}\times 100\text{。}$$

代谢能值和净能值计算：

青贮样品的 ME 和 NE 值估测计算公式为：

$$ME=0.136GP_{24}+0.0057CP+0.000286EE^2+2.20$$

$$NE_L=0.096GP_{24}+0.0038CP+0.000173EE^2+0.54$$

其中，GP 为 200mg 饲料 24 h 内的总产气量（mL）；

CP 为样品的粗蛋白含量（g/kg 干物质）；

EE 为样品的粗脂肪含量（g/kg 干物质）。

其中的 CP、EE 的测定分别参照附件中凯氏定氮法（附录 E）和乙醚浸提法。

二、瘤胃消化率评定——尼龙袋法

目前，测定青贮玉米饲料瘤胃降解率的主要方法是瘤胃尼龙袋法（任莹，2004），分两步测定青贮饲料的瘤胃降解率。一是测定尼龙袋中青贮饲料消失率的时间变化曲线；二是测定青贮饲料的瘤胃外流速度。青贮（玉米）饲料在尼龙袋中的降解率与其滞留时间的长短有关，是一个动态降解率，需要用瘤胃外流速度校正得到青贮（玉米）饲料的瘤胃降解率。

（一）原理

1. 动态降解率的测定原理

根据饲料蛋白质从尼龙袋中消失的数学模型，饲料蛋白质的瘤胃降解率与时间的关系为：

$$p=a+b(1-e^{-kt})$$

其中，p 代表尼龙袋在瘤胃中滞留时间 t 后的饲料蛋白降解率，a 为快速降解蛋白，即这部分蛋白在很短的时间内从尼龙袋中消失，b 为慢速降解蛋白，随着滞留时间的增加，慢速降解蛋白的降解率逐渐增加，*k* 为慢速降解组分的蛋白降解速度常数。

2. 饲料瘤胃流通速度的确定

待测饲料可用重铬酸钠标记，通过 Cr（标记物）流出瘤胃的速度测定待测饲料流出瘤胃的速度。在实践中，青贮玉米的瘤胃流通速度按 0.06 h^{-1} 计算。

3. 有效降解率的测定原理

在不同时间点（6、12、24、36、48、72h）测定其相应的消化率，再根据不同时间点的消化率来计算有效降解率。

（二）仪器与设备

1. 装有瘤胃瘘管的牛或羊

2. 尼龙袋

尼龙袋的选择和规格。尼龙布的孔径大小要确保瘤胃微生物和消化液进入袋内，又能够使被降解的物质流出。建议使用 50μm 孔径的尼龙布或涤纶布。袋的大小要确保能装上足够的青贮样品，并能够很容易地从瘘管中取出。牛用尼龙袋面积建议为 $9 \times 14cm^2$；羊用尼龙袋面积建议为 $8 \times 12cm^2$。袋口用尼龙线扎紧。

3. 粉碎设备

能将样品粉碎，使其能完全通过孔径为 2.0~2.5mm 的筛。

4. 分析天平

感量 0.0001 mg。

干燥器。用氯化钙或变色硅胶为干燥剂。

电热鼓风干燥箱。可控温度在（130 ± 2）℃。

（三）测定步骤

1. 样品粉碎

用粉碎机将青贮样品粉碎，过 2.0~2.5mm 孔径的筛。

2. 样品称量

准确称取青贮样品（2~5g），装入尼龙袋，扎紧袋口。

3. 放袋

将每 2 个袋或 4 个袋紧紧绑在一根尼龙袋悬吊线（一般用于羊的吊线长 25cm，牛的 40cm）上。于晨饲后 2h，借助一木棍将尼龙袋通过瘤胃瘘管放置于瘤胃腹囊处，悬吊线的另一端挂在瘘管盖上，每头牛最多放 6 根悬吊线，共 12 或 24 个尼龙袋。

4. 放置时间的设定

尼龙袋在瘤胃的停留时间：6h、12h、24h、36h、48h、72h，即在放袋后的每个时间点各取出一根悬吊线。

5. 冲洗

将取出的尼龙袋放入洗衣机内，中速冲洗 8min，中间换水一次。如无洗衣机可用冲洗用自来水，水温在 37~38℃。冲洗方法用自来水缓慢细流冲洗，冲洗至水变洁净为止。

冲洗过程不能用手挤压袋内样品。

6. 取样

冲洗后，将尼龙袋及样品置于65℃恒温箱内干燥至恒重（48h）。将同一时间点的袋内残渣样品混匀后作为待测样品。

（四）消化率

1. 待测饲料蛋白质降解率 deg（t）

$$deg(t)=p=a+b(1-e^{-kt})$$

式中，deg（t）为t时刻的蛋白质降解率，%；a 为快速降解蛋白质部分；b 为慢速降解的蛋白质部分；k 为 b 的降解速度常数，h^{-1}；t 为饲料在瘤胃内的停留时间，h。

2. 根据最小二乘法非线性回归分析法的原理

将青贮饲料样品的 a, b, k 解出（SAS程序）或作图法。根据瘤胃外流速度计算出青贮饲料样品的动态蛋白质降解率 p。

三、体内小肠营养物质消化吸收评定

（一）移动尼龙袋法

1. 原理

一定量的饲料样品在瘤胃中经过16h发酵降解后，采集一定量的瘤胃非降解饲料残渣样品置于特制小尼龙袋中，经胃蛋白酶液培养一段时间后，将尼龙袋从十二指肠瘘管投入小肠中，并从回肠末端瘘管或粪便中回收小尼龙袋，根据尼龙袋的粗蛋白或氨基酸消失率来估测饲料的小肠消化率。

2. 动物与仪器设备

（1）瘘管动物。安装有瘤胃瘘管、十二指肠前端瘘管和回肠末端T型瘘管的牛或羊。

（2）尼龙袋。瘤胃尼龙袋，孔径40~50μm尼龙布，尼龙袋面积为8cm×12cm。

移动尼龙袋，孔径10~40μm尼龙布，尼龙袋面积为3cm×6cm。

（3）0.01%胃蛋白酶。

（4）分析天平。

（5）孔径为40目的分析筛。

（6）鼓风干燥箱。

（7）恒温水浴摇床。

3. 测定步骤

（1）预试验：让试验动物适应尼龙袋的存在，观察动物的反应和尼龙袋回收情况。

（2）青贮饲料瘤胃未降解残渣的制备。称取风干青贮样品（3g左右，过2.0~2.5mm筛）于瘤胃尼龙袋内，每4个袋固定于一根悬吊线上。饲喂后，将尼龙袋置于瘤胃腹囊，培养16h后取出。冲洗尼龙袋至水清澈为止，65℃烘干后过40目分析筛备用。

（3）小肠末端消化残渣的制备。

① HCl- 胃蛋白酶液预处理。称取适量（0.5g）的瘤胃未降解残渣，装入移动尼龙袋，浸泡于0.004mol/L的HCl溶液中，25℃培养1h，然后在0.01%胃蛋白酶溶液中40℃震荡培养2h。② 十二指肠投袋。将处理过的移动尼龙袋经十二指肠瘘管每30-60min投放一次，每次投袋2个。③移动尼龙袋的回收和清洗。投袋后12h开始，每隔2 h检查一次，及时从粪便中回收移动尼龙袋。收集24h内的尼龙袋，冲洗尼龙袋至水变清澈。④ 干燥小肠未消化残渣。65℃烘干48h，称重。

（4）测定瘤胃未降解残渣和小肠未消化残渣，测定其蛋白含量。

瘤胃未降解饲料蛋白小肠消化率（Idg，%）：

$$Idg(\%)=\frac{\text{未降解残渣 CP 质量 (g)}-\text{移动尼龙袋 CP 残余质量 (g)}}{\text{未降解残渣 CP 质量 (g)}}\times 100$$

（二）酶解三步法评定青贮饲料样品的小肠消化率

1. 原理

酶解三步法是装有饲料样品的尼龙袋在瘤胃内培养16h后，其残渣再分别经胃蛋白酶和胰蛋白酶培养一段时间。用100%三氯乙酸溶液终止酶解反应。根据上清液中的可溶性蛋白质和瘤胃降解后饲料残渣的粗蛋白来估测小肠消化率。

2. 动物与仪器设备

（1）瘘管动物。装有瘤胃瘘管动物。

（2）瘤胃尼龙袋。

（3）100 mL离心管和高速离心机。振荡培养箱

3. 试剂及配制

（1）胃蛋白酶溶液。1g胃蛋白酶溶解于1L 0.1 mol/L HCl溶液中，现配现用。

（2）0.5 mol/LKH_2PO_4缓冲液（pH值7.8）。68g KH_2PO_4(AR)，溶解于750mL蒸馏水中，用KOH调pH值至7.8，蒸馏水定容于1L。

（3）胰蛋白酶溶液。3g胰蛋白酶与50mg百里香酚溶解于1L 0.5mol/L KH_2PO_4缓冲液中（pH值7.8），充分溶解1 h，定性滤纸过滤备用。

（4）1.0 mol/L NaOH溶液。

（5）100%（w/v）三氯乙酸溶液。

4. 测定步骤

（1）青贮饲料瘤胃未降解残渣的制备。称取青贮样品于瘤胃尼龙袋内，每4个袋固定于一根悬吊线上。饲喂后，将尼龙袋置于瘤胃，培养16h后取出。冲洗尼龙袋至水清澈为止，65℃烘干后备用。

（2）制备酶解试样。称取约含有15mg氮的瘤胃非降解残渣样品于50mL离心管中。用胃蛋白酶处理，加入10mL胃蛋白酶溶液（pH值1.9），于38℃振荡培养1h。胰蛋白酶处理，用0.5mL 1.0mol/L NaOH溶液中和培养后的混合物，再加入13.5mL胰蛋白酶溶液，38℃振荡培养箱振荡培养24h，每8h人工振荡一次。培养结束后立即加入100%(w/v)三氯乙酸溶液，振荡混匀，静置15min。10000g离心15min，收集上清液作为酶解试样。

（3）测定粗蛋白。取烘干的瘤胃未降解残渣和酶解试样，测定蛋白质和其他成分含量。

5. 消化率

$$小肠消化率(Idg\ \%)=\frac{瘤胃未降解残渣CP质量(g)-蛋白酶处理残渣CP质量(g)}{瘤胃未降解残渣CP质量(g)}\times 100$$

参考文献

1. 2004. NY/T816-2004，肉羊饲养标准 [S]. 中华人民共和国农业部 .

2. 薄玉琨，杨红建，王雯熙，等 . 2011. 采用尼龙袋法和体外产气法对白酒糟和醋糟营养价值的评定和比较，草食家畜，(3)：34-38

3. 曹志军，杨军香 . 2014. 青贮制作实用技术 [M]. 北京：中国农业科学技术出版社 .

4. 陈丽梅 . 2014(06). 青贮添加剂的种类及使用 [J] .

5. 陈自胜，陈世粮 . 1999. 粗饲料调制技术 [M]. 北京：中国农业出版社 .

6. 崔卫东，董朝霞，张建国，等 . 2011. 不同收割时间对甜玉米秸秆的营养价值和青贮发酵品质的影响 [J]. 草业学报，20(6)：208-213.

7. 邓洪峰 . 2011(10). 青贮饲料的种类及制作方式 [J].

8. 丁翠花 . 2010. 添加剂对紫花首蓿青贮品质及黄曲霉毒素含量的影响 [D]. 硕士学位论文，四川农业大学 .

9. 杜垒 . 2012. 饲料青贮与氨化技术图解 [M]. 北京：金盾出版社 .

10. 冯仰廉，陆治年 . 奶牛营养需要和饲料成分 (修订第三版). 北京：中国农业出版社 .

11. 冯仰廉 . 2004. 反刍动物营养学 [M]. 北京：科学出版社 .

12. 高勒琪 . 1987(2). 国外青贮饲料发展概况和趋势 [J]. 饲料研究 .

13. 高巍，王新峰，潘晓亮，等 . 2002. 玉米秸青贮与黄贮及苜蓿干草的体外发酵动态消化研究 [J]. 石河子大学学报，自然科学版，6(3)：222-225.

14. 郭福存，苗朝华，刘瑞娜，等 . 2007. 饲料和全混合日粮中的霉菌毒素及其对奶牛的危害 [J] . 中国奶牛，9:13-15.

15. 洪金锁，刘书杰，柴沙驼，等 . 2009. 体外产气法与尼龙袋法评定青海省燕麦青干草营养价值 [J]. 36(3)：36-38.

16. 李如治 . 2004. 家畜环境卫生学 [M]. 北京：中国农业出版社 .

17. 李胜利，范学珊 . 奶牛饲料与全混合日粮饲养技术 [M]. 北京：中国农业出版社 .

18. 李涛，朱碧毅，严竹君 . 2009. 肉羊高效饲养技术 [J]. 畜牧兽医杂志，28(4)：106-107.

19. 刘光军 . 2009. 肉羊的饲养管理技术 [J]. 畜牧与饲料科学，(6)：191-192.

20. 刘建新，杨振海，叶均安，等 . 1999. 青贮饲料的合理调制与质量评定标准 [J]. 饲料工业，(3):4-7.

21. 刘美 . 2004. 山羊饲料养分瘤胃降解规律的研究 [D]. 山东农业大学 .

22. 刘玉华 . 2011. 肉羊饲养管理技术 [J]. 中国畜牧兽医文摘，27(3)：58–59.

23. 马美蓉 . 2011. 奶牛场饲料霉菌毒素感染现状的调查与分析 [J]. 家畜生态学报，32(6):95–97.

24. 庞德公，杨红建，曹斌斌，等 . 2014. 高精料全混合日粮中产朊假丝酵母添加水平对体外瘤胃发酵特性和纤维降解的影响 . 动物营养学报，26(4)：940–946.

25. 祁兴运，祁兴磊，林凤鹏，等 . 2013. 规模母牛养殖场高效生产配套技术 [J]. 中国牛业科学，39(5)：86–89.

26. 全国畜牧总站 . 2012. 奶牛标准化养殖技术图册 [M]. 北京：中国农业科学技术出版社 .

27. 全国畜牧总站 . 2012. 青贮饲料技术百问百答 [M]. 北京：中国农业出版社 .

28. 任莹，赵胜军，卢德勋，等 . 2004. 瘤胃尼龙袋法测定常用饲料过瘤胃淀粉量及淀粉瘤胃降解率 [J]. 动物营养学报，(1)：42–46.

29. 任莹，赵胜军，唐兴，等 . 2009. 利用体外产气法评定当动物饲料的营养价值 [J]. 中国饲料，23：16–19.

30. 孙彦 . 2010. 青贮饲料加工与应用技术 [M]. 北京：金盾出版社 .

31. 孙雨坤，王林，孙启忠，等 . 2015. 添加苹果渣对苜蓿青贮品质的影响 [J]. 中国草地学报，37(1)：83–89.

32. 王斌 . 1998 (1). 国内外青贮饲料的历史和现状 [J]. 内蒙古草业 .

33. 王成章 . 2008. 饲料生产学 [M]. 北京：中国农业出版社 .

34. 王加启，王林枫 . 2005. 青贮专用玉米高产栽培与青贮技术 [M]. 北京：金盾出版社 .

35. 王加启，于建国 . 2004. 饲料分析与检验 [M]. 北京：中国计量出版社 .

36. 王加启，于建国 . 2004. 饲料检验手册 [M]. 北京：中国计量出版社 .

37. 王晓娜 . 2011. 蒙晋津京青贮饲料质量与安全性评价 [D]. 硕士学位论文，中国农业科学院 .

38. 武慧娟，史静，张丽珍，等 . 2014. 水分和添加剂对苜蓿青贮效果的影响 [J]. 草原与草坪，34(4)：78–83.

39. 徐春城 . 2013. 现代青贮理论与技术 [M]. 北京：科学出版社 .

40. 薛红枫，任丽萍，孟庆翔 . 2010. 不同玉米秸类型碳水化合物组分体外发酵动态分析 [J]. 畜牧兽医学报，41(9)：1 117–1 125.

41. 闫贵龙，曹春梅，刁其玉，等 . 2011. 夏季窖内不同深度全株玉米青贮品质和营养价值的比较 [J]. 畜牧兽医学报，42(3):381–388.

42. 闫峻 . 2009. 玉米青贮饲料开窖后贮存期营养成分及霉菌变化规律研究 [D]. 西北农林科技大学，硕士学位论文 .

43. 杨红建，宋正河，祝仕平，等 . 2007–12–19. 一种发酵微量气体产生量数据自动采集存储装置及方法：中国，ZL200610011301. X [P].

44. 于秀芳，刘海燕，于维，等 . 2008. 玉米秸秆及青贮饲料的细胞壁成分体外消化性

能比较 [J]. 中国畜牧兽医, 35(5) : 155–157.

45. 玉柱，刘长春 . 2012. 青贮饲料技术百问百答 [M]. 北京：中国农业出版社 .

46. 岳群，杨红建，谢春元，等 . 2007. 应用移动尼龙袋法和三步法评定反刍家畜常用饲料的蛋白质小肠消化率 [J]. 中国农业大学学报, 12(6) : 62–66.

47. 张国立，贾纯良，杨维山 等 . 1996. 青贮饲料的发展历史、现状及其趋势 [J]. 辽宁畜牧兽医 (3).

48. 张琨 . 2010. 舍饲肉羊的高效饲养管理技术 [J]. 畜牧与饲料科学，(11–12) : 132–133.

49. 张丽英 . 2007. 饲料分析及饲料质量检测技术 [M]. 北京：中国农业大学出版社 .

50. Adegbola T. Adesogan. How to optimize corn Silage quality in Florida. Proceedings 43rd Florida Dairy Production Conference, Gainesville, 2006.

51. Arbabi. S., Ghoorchi T. and Hasani.S. The effect of delay ensiling and application of an organic acid-base additives on the fermentation of corn silage. Asian Journal of Animal and Veterinary Advances, 2009, 4:219-227.

52. Beauchemin K. A., and Yang W. Z. Effect of physically effective fiber on intake, chewing activity, and ruminal acidosis for dairy cows fed diets based on corn silage[J]. J. Dairy Sci, 2005,88(6): 2 117-2 129.

53. Eckard S, Wettstein FE, Forrer HR, et al. Incidence of Fusarium species and mycotoxins in silage maize[J]. Toxins (Basel), 2011, 3(8): 949-967.

54. González Pereyra ML, Alonso VA, Sager R, et al. Fungi and selected mycotoxins from pre- and postfermented corn silage[J]. J Appl Microbiol, 2008, 104(4): 1 034-1 041.

55. Garon D, Richard E, Sage L, et al. Mycoflora and multimycotoxin detection in corn silage: experimental study[J]. J Agric Food Chem, 2006, 54(9): 3 479-3 484.

56. Kampmann, K. Ratering, S. GeiBler-Plaum, R., et al., *Changes of the microbial population structure in an overloaded fed-batch biogas reactor digesting maize silage.* Bioresource technology, 2014, 174: 108-117.

57. Klang, J. Theuerl, S. Szewzyk, U., et al., *Dynamic variation of the microbial community structure during the long - time mono - fermentation of maize and sugar beet silage.* Microbial biotechnology, 2015.

58. Langer, S.G. Ahmed, S. Einfalt, D., et al., *Functionally redundant but dissimilar microbial communities within biogas reactors treating maize silage in co - fermentation with sugar beet silage.* Microbial biotechnology, 2015, 8(5): 828-836.

59. McDonald, P. N. Henderson, and S. Heron, T*he biochemistry of silage, 2nd ed. Chalcombe Publications*, 1991, Bucks.

60. May, L.A. B. Smiley, and M.G. Schmidt, *Comparative denaturing gradient gel electrophoresis analysis of fungal communities associated with whole plant corn silage.* Canadian Journal of Microbiology, 2001, 47(9): 829-841.

61. Menke K H, Raab L, Salewski A, et a1. The estimation of the digestibility and

metabolizable energy content of ruminant feeding stuffs from the gas production when they are incubated with rumen liquor in vitro[J]. J. Agric. Sci., Camb, 1979, 93: 217-222.

62. NRC, Nutrient Requirements of Dairy Cattle. 7th Revised ed. Natl. Acad. Sci., Washington, DC, 2001.

63. Napasirth, V. Napasirth, P. Sulinthone, et al., *Microbial population, chemical composition and silage fermentation of cassava residues.* Animal Science Journal, 2015, 86(9): 842~848

64. Pang, D.G. Yang, H.J. Cao, B.B., et al.The beneficial effect of Enterococcus faecium on the in vitro ruminal fermentation rate and extent of three typical total mixed rations in northern China. Livestock Sci, 2014, 167: 154-161.

65. Roigé MB, Aranguren SM, Riccio MB,et al. Mycobiota and mycotoxins in fermented feed, wheat grains and corn grains in Southeastern Buenos Aires Province[J]. Argentina. Rev Iberoam Micol, 2009, 26(4): 233-237.

66. Reyes-Velázquez WP, Isaías Espinoza VH, Rojo F, et al. Occurrence of fungi and mycotoxins in corn silage, Jalisco State, Mexico[J]. Rev Iberoam Micol, 2008, 25(3): 182-185.

67. Tanaka, O. K. Mori, and S. Ohmomo, *Effect of inoculation with Lactobacillus curvatus on ensiling.* Grassland Science, 2000, 46(2): 148-152.

68. The Silage Zone Manual. Du Pont Pioneer. 2014. www.pioneer.com/CMRoot/pioneer/canada_en/products/com/2014_Silage_Zone_Manual.pdf

69. Weissbach, F. E. Hein, and L. Schmidt. *Studies regarding the effects and the optimal dosis of formic acid in ensiling high-protein forages. in XIII International Grassland Congress: Leipzig, German Democratic Republic, 18-27 May, 1977, editors of congress proceedings, E. Wojahn and H. Thons.* 1980. Berlin, Akademie-Verlag, 1980.

70. Yang, H.J. Zhuang, H. Meng, X.K., et al, Effect of melamine on in vitro rumen microbial growth, methane production and fermentation of Chinese wild rye hay and maize meal in binary mixtures. J. Agric. Sci. (Camb.) , 2014, 152(4): 686-696.